# SCOPOS

## 9

## Springer

*Berlin*
*Heidelberg*
*New York*
*Barcelone*
*Hong Kong*
*Londres*
*Milan*
*Paris*
*Singapour*
*Tokyo*

# About the Author

**Mark S. Gockenbach** received his PhD in Computational and Applied Mathematics from Rice University in 1994. He has held faculty positions at Indiana University (teaching in the ITM/MUCIA-Indiana University cooperative program in Malaysia for two years), the University of Michigan, and Rice University. He is now Professor and Chair of the Department of Mathematical Sciences at Michigan Technological University. Professor Gockenbach has won several awards for teaching, and he currently serves as a volunteer lecturer in the International Mathematical Union's Volunteer Lecturer Program (VLP). As a VLP lecturer, he has taught master's degree courses in Phnom Penh, Cambodia.

Professor Gockenbach's research interests are primarily in inverse problems in partial differential equations. His previous books are *Partial Differential Equations: Analytical and Numerical Methods* (first edition 2002, second edition 2010) and *Understanding and Implementing the Finite Element Method* (2006), both published by the Society for Industrial and Applied Mathematics, and *Finite-Dimensional Linear Algebra* (2010), published by CRCPress.

Springer
*Berlin*
*Heidelberg*
*New York*
*Barcelone*
*Hong Kong*
*Londres*
*Milan*
*Paris*
*Singapour*
*Tokyo*

SCOPOS

9

B. Bidégaray   L. Moisan

# Petits problèmes de mathématiques appliquées et de modélisation

Issus des concours d'entrée
à l'Ecole normale supérieure de Cachan

avec 8 figures

Springer

Brigitte Bidégaray
CNRS, Laboratoire Mathématiques
pour l'Industrie et la Physique – UMR 5640
Université Paul Sabatier
118 route de Narbonne
31062 Toulouse Cedex 4, France
e-mail : bidegara@mip.upstlse.fr

Lionel Moisan
CNRS, Centre de Mathématiques et de Leurs Applications
Ecole normale supérieure de Cachan
61, avenue du président Wilson
94235 Cachan Cedex, France
e-mail : moisan@cmla.ens-cachan.fr

*En couverture:* Simulation numérique du décollage de la navette spatiale
américaine, NIX (NASA Image eXchange)

Mathematics Subject Classification (2000):
00A07, 00A69, 15A18, 15A60, 26A06, 26D10, 34A12, 35K05, 35K55, 35Q40,
47H07, 47H20, 49M20, 53A04, 53A10, 53A15, 65D07, 65F10, 65F15, 65M06,
65M12, 90C39, 90D05

Die Deutsche Bibliothek – CIP-Einheitsaufnahme
Bidégaray, Brigitte:
Petits problèmes de mathématiques appliquées et de modélisation : issus des concours
d'entrée a l'Ecole Normale Supérieure de Cachan / Brigitte Bidégaray ; Lionel Moisan. –
Berlin ; Heidelberg ; New York ; Barcelona ; Hongkong ; London ; Mailand ; Paris ;
Singapur ; Tokio : Springer, 2000
(SCOPOS ; Vol. 9)  ISBN 3-540-67303-2

ISBN 3-540-67303-2  Springer-Verlag Berlin Heidelberg New York

Springer-Verlag Berlin Heidelberg New York
est membre du groupe BertelsmannSpringer Science+Business Media GmbH
© Springer-Verlag Berlin Heidelberg 2000
Imprimé en Allemagne
Maquette de couverture: *design & production* GmbH, Heidelberg
Printed on acid-free paper    SPIN 10723846    41/3142Ko – 5 4 3 2 1 0

*A Laurent*

*A mon père*

# Avant-propos

Cet ouvrage rassemble une trentaine d'exercices posés à l'oral de Mathématiques Appliquées au concours d'entrée à l'Ecole Normale Supérieure de Cachan, ainsi qu'un problème d'écrit. Il est divisé en cinq chapitres. Dans le chapitre 1, nous donnons les énoncés des exercices posés à l'oral, précédés d'une courte introduction destinée à présenter brièvement la motivation qui les a inspirés. Ces introductions font parfois allusion à des théories récentes et relativement spécialisées, mais il va sans dire que les énoncés eux-mêmes restent dans le cadre strict du programme des classes préparatoires. Dans le chapitre 2 se trouvent des solutions détaillées, suivies d'un commentaire plus long visant à replacer chaque exercice dans toute sa généralité et dans son contexte (références, motivations profondes, outils employés, analogies, etc.). Un chapitre d'indications permet de guider le lecteur "bloqué" dans la résolution d'un exercice, jouant en quelque sorte un des rôles de l'interrogateur dans une épreuve d'oral. Il est important de bien les distinguer des rares indications données dans les énoncés, qui étaient données quasiment instantanément lors des oraux après une brève discussion avec le candidat. A ce propos, il faut signaler qu'un bon nombre de ces exercices contiennent la matière pour 2 voire 3 planches, et ne sont donc pas forcément prévus pour être résolus en 45 minutes. Enfin, dans les chapitres 4 et 5, nous donnons l'énoncé et la correction détaillée d'un problème d'écrit.

Sans vouloir relancer l'éternel débat sur la distinction controversée entre "mathématiques appliquées" et "mathématiques pures", il nous semble opportun de préciser un peu dans quel esprit nous avons conçu ces exercices. Bien sûr, la majeure partie des mathématiques est — et a toujours été — *applicable*, en ce sens que la plupart des théories mathématiques ont étés utilisées pour résoudre des problèmes concrets, du théorème de Thalès inventé pour mesurer la hauteur des pyramides à l'arithmétique qui est désormais au coeur de la cryptographie moderne. C'est pourquoi il nous a semblé raisonnable de regrouper sous le terme de "mathématiques appliquées et modélisation" des démarches mathématiques où la motivation première réside dans la compréhension, la modélisation et la résolution d'un problème extérieur aux mathématiques. La plupart des exercices que nous avons rassemblés ici s'inscrivent bien dans cette catégorie. La motivation "appliquée" est présente à des degrés très divers au coeur même des énoncés, mais elle apparaît plus explicitement dans les commentaires donnés après les solutions.

Nous espérons que les lecteurs de cet ouvrage éprouveront comme nous un grand plaisir à entrevoir ces applications derrière l'aspect purement mathématique des exercices eux-mêmes.

Nous voudrions remercier Jean-Michel Ghidaglia pour nous avoir proposé la réalisation de ce livre, ainsi que Nicolas Tosel et Jean-Michel Morel pour leur relecture du manuscrit et leurs remarques précieuses.

# Table de matières

# Chapitre 1
# Enoncés

§1. Équations différentielles et équations aux dérivées partielles

---

### Exercice 1 : modèle de Child-Langmuir

*Ce modèle simplifié décrit au moyen d'une équation différentielle le potentiel $\varphi$ créé entre deux plaques métalliques infinies situées en $x = 0$ et $x = 1$ sous l'effet d'un courant $j$. On montre qu'il existe un courant de saturation ($j \leqslant \frac{4}{9}$) dû à l'accumulation de charges près de l'anode, et on montre l'existence et l'unicité de solutions approchées.*

1) Soit $j$ un réel. On considère une fonction $\varphi$ de classe $\mathcal{C}^1$ sur $[0,1]$, deux fois dérivable sur $]0,1[$ et telle que $\varphi(0) = 0$, $\varphi(1) = 1$. Montrer que si

$$\forall x \in ]0,1[, \qquad \varphi''(x) = \frac{j}{\sqrt{\varphi(x)}}, \tag{1}$$

alors $j \leqslant \frac{4}{9}$.

2) On suppose que $0 < j < \frac{4}{9}$. Montrer que pour $\varepsilon > 0$ assez petit, l'équation différentielle

$$\varphi'' = \frac{j}{\sqrt{\varphi + \varepsilon}} \tag{$1_\varepsilon$}$$

admet une unique solution sur $[0,1]$ vérifiant $\varphi(0) = 0$ et $\varphi(1) = 1$.

---

### Exercice 2 : modèle de Landau

*Nous étudions ici une version simplifiée (posée sur $[0,1]$ au lieu de $\mathbb{R}^3$) de l'équation de Landau, qui décrit les collisions particulaires rasantes dans un plasma.*

Soit $k$ une fonction continue sur $[0,1]^2$ telle que $k > 0$ sur $]0,1[^2$, $k(x,y) = 0$ dès que $x$ ou $y$ valent 0 ou 1, et $k(x,y) = k(y,x)$ pour tout $(x,y) \in [0,1]^2$. On considère une fonction $f(x,t)$ strictement positive de classe $\mathcal{C}^2$ qui vérifie l'équation de Landau

$$\frac{\partial f}{\partial t}(x,t) = \frac{\partial}{\partial x}\left( \int_0^1 k(x,y)\left( \frac{\partial f}{\partial x}(x,t)f(y,t) - \frac{\partial f}{\partial x}(y,t)f(x,t) \right) dy \right).$$

1) Soit $\phi$ une fonction de classe $\mathcal{C}^1$ définie sur $[0,1]$. Montrer que

$$\frac{d}{dt}\int_0^1 f(x,t)\phi(x)dx =$$

$$\frac{1}{2}\int_0^1\int_0^1 k(x,y)(\phi'(y)-\phi'(x))\left(\frac{\partial f}{\partial x}(x,t)f(y,t)-\frac{\partial f}{\partial x}(y,t)f(x,t)\right)dxdy.$$

2) Soit $H(t) = \displaystyle\int_0^1 f(x,t)\ln(f(x,t))dx$. Montrer que $H'(t) \leqslant 0$ et que $H'(t) = 0$ si et seulement si $f$ s'écrit sous la forme $f(x,t) = \lambda(t)\exp\big(\alpha(t)x\big)$.

*Indication : remarquer que si $\phi(x) = ax + b$, alors*

$$\frac{d}{dt}\int_0^1 f(x,t)\phi(x)dx = 0$$

($\phi(x) = 1$ *traduit la conservation de la masse*, $\phi(x) = x$ *celle de l'énergie*).

3) Montrer que $H$ est minorée et admet une limite en $+\infty$.

---

## Exercice 3 : équations de Bloch

*Les équations de Bloch sont issues de la mécanique quantique. Dans cette théorie, les grandeurs physiques mesurables sont associées à des opérateurs hermitiens. Dans l'exercice proposé ci-dessous, la grandeur observable est la matrice densité, qui décrit grosso-modo la probabilité de présence d'un système parmi différents niveaux d'énergie discrets ainsi que la probabilité de transition d'un état vers un autre.*

Pour deux matrices $A, B \in \mathcal{M}_N(\mathbb{C})$, on note $[A, B] = AB - BA$. Soit une fonction $\rho : \mathbb{R} \to \mathcal{M}_N(\mathbb{C})$ vérifiant l'équation différentielle

$$i\rho' = [H, \rho]$$

où $H$ est une matrice hermitienne définie positive, telle que la donnée initiale $\rho(0)$ est hermitienne positive et de trace $\mathrm{Tr}\rho(0) = 1$.

1) Quelles sont les propriétés remarquables de la matrice $\rho(t)$ ?

2) Soit $\delta t$ un réel strictement positif. Pour approcher numériquement les $\big(\rho(n\,\delta t)\big)_{n\in\mathbb{N}}$, on considère la suite $(\rho^n)$ définie par $\rho^0 = \rho(0)$ et la récurrence

$$i\frac{\rho^{n+1} - \rho^n}{\delta t} = [H, \frac{\rho^{n+1} + \rho^n}{2}].$$

Discuter la pertinence de cette approximation.

---

## Exercice 4 : explosion de la chaleur

*Il s'agit dans cet exercice de montrer que des solutions d'une équation d'évolution non linéaire ne peuvent exister pour tout temps. Cela ne veut pas dire que le système physique qui est décrit par ces équations cesse d'exister mais plutôt que les hypothèses effectuées pour établir le modèle mathématique ont cessé d'être valides.*

Soit $\phi$ une fonction positive, $\mathcal{C}^\infty$ sur $[0, \pi]$, et telle que $\phi(0) = \phi(\pi) = 0$. On suppose l'existence d'une fonction $u(x, t) \in \mathcal{C}^\infty([0, \pi] \times [0, T(\phi)[)$, solution de

$$
\begin{cases}
\dfrac{\partial u}{\partial t}(x, t) - \dfrac{\partial^2 u}{\partial x^2}(x, t) = g(u(x, t)), & \forall (x, t) \in [0, \pi] \times ]0, T(\phi)[, \\[2mm]
u(0, t) = u(\pi, t) = 0, & \forall t \in [0, T(\phi)[, \\[2mm]
u(x, 0) = \phi(x), & \forall x \in [0, \pi], \\[2mm]
u(x, t) \geqslant 0, & \forall (x, t) \in [0, \pi] \times [0, T(\phi)[.
\end{cases}
$$

1) Trouver une fonction $\psi$ positive, $\mathcal{C}^\infty$ sur $[0, \pi]$, vérifiant $\psi(0) = \psi(\pi) = 0$, ainsi qu'un réel $\lambda > 0$, tels que

$$
\int_0^\pi \psi(x) dx = 1 \qquad \text{et} \qquad \forall x \in [0, \pi], \ \ \psi''(x) + \lambda \psi(x) = 0.
$$

2) On suppose qu'il existe $\alpha$, $\beta$ et $\varepsilon$ des réels strictement positifs tels que

$$
\forall x \geqslant 0, \quad g(x) \geqslant \alpha x^{1+\varepsilon} - \beta x \qquad \text{et} \qquad \left( \int_0^\pi \phi(x) \psi(x) dx \right)^\varepsilon > \frac{\lambda + \beta}{\alpha}.
$$

a) Montrer que $f(t) = \displaystyle\int_0^\pi u(x, t) \psi(x) dx$ vérifie

$$
f'(t) \geqslant f(t)[-(\lambda + \beta) + \alpha f(t)^\varepsilon].
$$

*Indication : on pourra utiliser la propriété suivante (inégalité de Hölder) : si p et q sont deux réels strictement positifs vérifiant $1/p + 1/q = 1$ et si F et G sont deux fonctions définies sur un intervalle $[a, b]$ et telles que $|F|^p$ et $|G|^q$ sont intégrables, alors $|FG|$ est intégrable et*

$$
\int_a^b |F(x)G(x)| dx \leqslant \left( \int_a^b |F(x)|^p dx \right)^{1/p} \left( \int_a^b |G(x)|^q dx \right)^{1/q}.
$$

b) En déduire que $T(\phi) < +\infty$.

### Exercice 5 : *moyennes itérées et équation de la chaleur*

*Lorsque l'on souhaite approcher en norme uniforme une fonction conti-
nue par une fonction très régulière, une technique classique consiste à convo-
ler la fonction d'origine par une fonction "pic" (i.e. proche d'un Dirac) très
régulière (typiquement $C^\infty$). Ici, il s'agit encore de convolution mais le point
de vue est un peu différent : on s'intéresse au résultat obtenu asymptotiquement en convolant une fonction plusieurs fois avec le même noyau. Ce résultat
joue un rôle central dans la classification des filtres linéaires en traitement du
signal et de l'image.*

Soit $\mathcal{C}_K$ l'espace vectoriel des fonctions réelles $K$-périodiques continues.
On se donne une fonction $\rho : \mathbb{R} \to \mathbb{R}$ continue, paire, positive et telle que
$\int_0^{+\infty} u^3 \rho(u)\, du$ converge, et on pose, pour $\lambda > 0$ et $f \in \mathcal{C}_K$,

$$T_\lambda f(x) = \frac{1}{\sqrt{\lambda}} \int_{-\infty}^{+\infty} f(x-u)\rho\left(\frac{u}{\sqrt{\lambda}}\right) du.$$

1) Montrer que $T_\lambda f \in \mathcal{C}_K$.

2) On suppose désormais que $\int_{-\infty}^{+\infty} \rho(u)du = 1$. Trouver, pour $g \in \mathcal{C}_K$, $g$ de
classe $C^3$, un développement limité uniforme (par rapport à $x$) à deux termes
de $T_\lambda g(x)$ quand $\lambda$ tend vers 0.

3) Soit $f$ un élément de $\mathcal{C}_K$ de classe $C^3$. On suppose qu'il existe une fonction
$F : \mathbb{R} \times [0, +\infty[\to \mathbb{R}$, de classe $C^3$, $K$-périodique par rapport à la première
variable, et telle que

$$\forall (x,t) \in \mathbb{R} \times [0,+\infty[, \qquad F(x,0) = f(x) \quad \text{et} \quad \frac{\partial F}{\partial t}(x,t) = \frac{\partial^2 F}{\partial x^2}(x,t).$$

On note $T_\lambda^n$ l'itéré $n$ fois de $T_\lambda$. Montrer qu'il existe une constante $c$ telle que

$$T_{t/n}^n f(x) \xrightarrow[n \to +\infty]{} F(x, ct)$$

uniformément par rapport à $x$.

*Indication : comparer $T_\lambda F(\cdot, s)$ et $F(\cdot, s + c\lambda)$.*

### Exercice 6 : *solutions particulières du scale-space affine*

*Lorsqu'une équation aux dérivées partielles est invariante sous l'action d'un
groupe, celui-ci peut généralement être utilisé pour déterminer des solutions
particulières simples à décrire, voire explicites. Ici, l'équation considérée est*

*le scale-space affine (voir aussi l'exercice 10), connu pour ses propriétés op-timales d'invariance et utilisé pour le lissage de courbes planes (représentées ici par des graphes de fonctions).*

Dans cet exercice, $x \mapsto x^{1/3}$ désigne la bijection réciproque de $x \mapsto x^3$ sur $\mathbb{R}$ (convention de signe). On considère le problème (P) suivant : trouver une fonction $f(x, t)$ à valeurs réelles telle que
   (i) $f$ est continue sur $\mathbb{R} \times \mathbb{R}^+$,
   (ii) sur $\mathbb{R} \times \mathbb{R}^{+*}$, $f$ est de classe $\mathcal{C}^2$ et vérifie

$$\frac{\partial f}{\partial t} = \frac{3}{4} \left( \frac{\partial^2 f}{\partial x^2} \right)^{1/3},$$

   (iii) pour tout $x \in \mathbb{R}$, $f(x, 0) = |x|$.

1) Trouver une fonction $g$ telle que, si $f$ est solution de (P), alors pour tout $\lambda > 0$ la fonction $(x, t) \mapsto \lambda^{-1} f(\lambda x, g(\lambda)t)$ est aussi solution de (P).

2) En déduire une solution explicite de (P).

3) Peut-on généraliser à d'autres conditions initiales (iii) ?

## §2. Opérateurs monotones et géométrie

---

### *Exercice 7 : un opérateur monotone non-linéaire*

*L'objet de cet exercice est d'étudier un opérateur monotone simple dont la version bidimensionnelle s'est récemment révélée utile en interpolation d'ima-ges.*

Soit $f : \mathbb{R} \to \mathbb{R}$ de classe $\mathcal{C}^2$, et $\lambda > 0$. On définit sur $\mathbb{R}$ la fonction

$$T_\lambda f : \ x \ \mapsto \ \frac{1}{2} \left( \min_{[x-\lambda, x+\lambda]} f + \max_{[x-\lambda, x+\lambda]} f \right).$$

1) Montrer que la fonction $T_\lambda f$ est localement lipschitzienne. Est-elle né-cessairement $\mathcal{C}^1$ ?

2) Trouver un développement limité à l'ordre 2 de $T_\lambda f(x)$ quand $\lambda$ tend vers 0.

3) Déterminer toutes les applications $f$ et $a$ de classe $\mathcal{C}^2$ sur $\mathbb{R}$ telles que

$$\forall (\lambda, x) \in \mathbb{R}^+ \times \mathbb{R}, \qquad T_\lambda f(x) = a(\lambda) f(x).$$

## Exercice 8 : *opérateurs morphologiques*

*Comme son nom l'indique, la morphologie mathématique s'intéresse à l'analyse de formes sous un angle mathématique. On établit ici le parallèle entre les fonctions agissant sur des formes (les ouverts du plan) et les opérateurs commutant avec la composition à gauche. Ce résultat est fondamental en analyse d'images, car il signifie qu'il est équivalent d'analyser une image indépendamment de son contraste ou d'analyser ses ensembles de niveaux.*

1) Soit $u : \mathbb{R}^n \to \mathbb{R}$. On définit $\chi_\lambda(u) = \{x \in \mathbb{R}^n;\ u(x) > \lambda\}$. Montrer que

$$\forall x \in \mathbb{R}^n, \qquad u(x) = \sup\{\lambda \in \mathbb{R};\ x \in \chi_\lambda(u)\}.$$

2) On considère $\Omega$ l'ensemble des ouverts de $\mathbb{R}^n$, et

$$I = \{u : \mathbb{R}^n \to \mathbb{R} \text{ majorée};\ \forall \lambda \in \mathbb{R},\ \chi_\lambda(u) \in \Omega\}.$$

Montrer que $u : \mathbb{R}^n \to \mathbb{R}$ est continue et bornée si et seulement si $u \in I$ et $-u \in I$.

3) Soit $S : \Omega \to \Omega$ vérifiant $S(\emptyset) = \emptyset$, $S(\mathbb{R}^n) = \mathbb{R}^n$, et

$$S\left(\bigcup_{i=0}^{\infty} A_i\right) = \bigcup_{i=0}^{\infty} S(A_i) \text{ pour toute suite croissante d'ouverts } (A_i)_{i \in \mathbb{N}}.$$

Montrer qu'il existe une unique application $T : I \to I$ telle que

$$\forall u \in I, \forall \lambda \in \mathbb{R}, \qquad \chi_\lambda(T(u)) = S(\chi_\lambda(u)).$$

4) Montrer que si $u - v$ est bornée, alors $\|T(u) - T(v)\|_\infty \leqslant \|u - v\|_\infty$.

5) Montrer que si $g : \mathbb{R} \to \mathbb{R}$ est continue et strictement croissante, on a $g(T(u)) = T(g(u))$ pour tout $u \in I$.

## Exercice 9 : *dilatation euclidienne*

*On s'intéresse ici à l'un des opérateurs les plus élémentaires de la morphologie mathématique, la dilatation, dont la généralité explique son emploi fréquent en géométrie.*

Soit $C$ un convexe compact du plan euclidien. On définit

$$C(r) = \big\{x \in \mathbb{R}^2, \quad \mathrm{dist}(x, C) \leqslant r\big\},$$

où $\mathrm{dist}(x, C) = \inf\limits_{y \in C} \mathrm{dist}(x, y)$ et $\mathrm{dist}(x, y) = \|x - y\|$ (norme euclidienne).

1) Montrer que $C(r)$ est un convexe compact, et que si $D = C(r)$, alors $D(s) = C(r + s)$.

2) On suppose que la frontière de $C$ est décrite par $\Gamma$, un arc simple fermé $\mathcal{C}^2$ birégulier. Montrer que celle de $C(r)$ est décrite par l'arc

$$t \mapsto \Gamma(t) - rN(t),$$

où $N(t)$ est le vecteur unitaire normal à $\Gamma$ en $t$ dirigé vers l'intérieur de $C$.

3) Calculer le périmètre puis l'aire de $C(r)$.

*On rappelle que si $\Gamma$ est orienté positivement, alors*

$$\mathrm{Aire}(C) = \frac{1}{2} \oint \det(\Gamma(t), \Gamma'(t))\, dt.$$

---

### *Exercice 10 : érosion affine*

*L'érosion affine est un opérateur géométrique dont l'itération permet de "lisser" rapidement des courbes planes. Sa relative simplicité de mise en œuvre et ses propriétés géométriques intéressantes expliquent sa récente utilisation pour l'analyse de formes et d'images. Comme dans l'exercice 6, par souci de simplification, on se restreint ici à des courbes représentées par des graphes de fonctions.*

Soit $f$ une fonction $\mathcal{C}^2$ sur $\mathbb{R}$ telle que $f'' > 0$. On note $D(x, \delta)$ la fonction affine qui interpole $f$ en $x - \delta$ et $x + \delta$.

1) Soit $\lambda > 0$. Montrer que pour tout $x \in \mathbb{R}$, il existe un unique réel $\delta = \Delta_\lambda(x) > 0$ tel que la région bornée délimitée par le graphe de $f$ et celui de $D(x, \delta)$ soit d'aire $\lambda$. Montrer que $\Delta_\lambda$ est de classe $\mathcal{C}^2$.

2) On pose $T_\lambda f(x) = D(x, \Delta_\lambda(x))(x)$. Trouver un développement limité de $T_\lambda f(s)$ à deux termes quand $\lambda$ tend vers 0. Quel reste obtient-on si $f$ est de classe $\mathcal{C}^4$ ?

3) Montrer que

$$T_\lambda f(s) = \sup_{x \in \mathbb{R}} D(x, \Delta_\lambda(x))(s),$$

et donner une interprétation géométrique de cette égalité.

4) Montrer que si $g$ vérifie les mêmes hypothèses que $f$ et satisfait l'inégalité $g \leqslant f$, alors $T_\lambda g \leqslant T_\lambda f$.

---

## Exercice 11 : autour de la courbure affine

*L'étude des arcs plans est souvent réalisée dans un contexte de géométrie euclidienne : les notions de distance, d'abscisse curviligne, et de courbure sont "invariantes" par rapport au groupe des déplacements (rotations et translations). On se propose ici de reformuler ces notions dans le contexte de la géométrie affine, où distance et angles n'ont plus leur place et seules demeurent les notions de parallélisme, de barycentre et d'aire.*

1) Montrer que pour tout arc plan birégulier de classe $\mathcal{C}^3$, il existe un paramétrage $t \mapsto M(t)$ tel que $\det(M'(t), M''(t)) = 1$ pour tout $t$.

2) Soient $M$ et $N$ deux arcs plans de classe $\mathcal{C}^4$ tels que, en tout point,

$$\det(M', M'') = \det(N', N'') = 1 \qquad \text{et} \qquad \det(M', M^{(4)}) = \det(N', N^{(4)}).$$

Montrer qu'il existe $A \in SL_2(\mathbb{R})$ (c'est-à-dire $A \in \mathcal{M}_2(\mathbb{R})$ et $\det A = 1$) et $B \in \mathbb{R}^2$ tels que pour tout $t$, $M(t) = AN(t) + B$.

3) Soit $a$ un réel donné. Déterminer les arcs plans $M$ de classe $\mathcal{C}^4$ tels que, en tout point,

$$\det(M', M'') = 1 \qquad \text{et} \qquad \det(M', M^{(4)}) = a.$$

---

## Exercice 12 : formule de la coaire en dimension 1

*La formule de la coaire traduit le caractère géométrique de l'espace des fonctions à variations bornées sur $\mathbb{R}^n$. En se limitant à la dimension 1 et à des fonctions de classe $\mathcal{C}^1$ (les fonctions à variations bornées sont alors celles qui vérifient $\int_{-\infty}^{+\infty} |f'| < \infty$), on retrouve ici un résultat dû à Banach.*

Soit $f : \mathbb{R} \to \mathbb{R}$ de classe $\mathcal{C}^1$ telle que $\int_{-\infty}^{+\infty} |f'(x)|dx$ converge. Montrer que si

$$N : \lambda \mapsto \mathrm{Card}\{x; f(x) = \lambda\}$$

est une fonction continue par morceaux de $\mathbb{R}$ dans $\mathbb{N}$, alors

$$\int_{-\infty}^{+\infty} N(\lambda)\, d\lambda \;=\; \int_{-\infty}^{+\infty} |f'(x)|\, dx.$$

*Indication : commencer par le cas où $f'$ n'a qu'un nombre fini de zéros.*

# §3. Optimisation et problèmes variationnels

## Exercice 13 : *splines cubiques d'interpolation*

*Contrairement aux polynômes de Lagrange ou d'Hermite, les splines d'interpolation sont définies de manière essentiellement locale, ce qui leur confère une plus grande stabilité de comportement, en compensation d'une perte de régularité. Ici, on les introduit de manière axiomatique, puis on en donne une interprétation variationnelle avant d'étudier plus précisément leurs qualités d'approximation.*

1) Soit $f : [a, b] \to \mathbb{R}$ de classe $\mathcal{C}^2$. On considère une subdivision $(x_i)$ de $[a, b]$ $(a = x_0 < x_1 < ... < x_n = b)$, et on suppose l'existence d'une application $\varphi$ de classe $\mathcal{C}^2$ sur $[a, b]$ telle que

(i)    $\varphi$ est polynomiale de degré au plus 3 sur chaque $[x_i, x_{i+1}]$,

(ii)   $\varphi(x_i) = f(x_i)$ pour $i \in \{0, ..., n\}$,

(iii)  $\varphi'(a) = f'(a)$ et $\varphi'(b) = f'(b)$.

Montrer que $\|f'' - \varphi''\|_2^2 = \|f''\|_2^2 - \|\varphi''\|_2^2$. Conséquence sur l'interprétation de $\varphi$ ?

2) En déduire l'existence et l'unicité d'une fonction $\varphi$ vérifiant les conditions de la question 1.

3) Soit $h : [0, 1] \to \mathbb{R}$ de classe $\mathcal{C}^2$ telle que $h(0) = h(1) = 0$. Montrer que l'on peut prolonger $h$ en une fonction impaire 2-périodique, et en déduire qu'il existe une constante $C$ indépendante de $h$ telle que

$$\|h\|_\infty \leqslant C\|h''\|_2, \qquad \text{où} \qquad \|h''\|_2^2 = \int_0^1 h''^2(x)dx.$$

4) On note $\varepsilon = \max_{0 \leqslant i \leqslant n} (x_{i+1} - x_i)$. Montrer que

$$\|f - \varphi\|_\infty \leqslant C\|f''\|_2 \, \varepsilon^{3/2} \qquad \text{et que} \qquad \|f' - \varphi'\|_\infty \leqslant \|f''\|_2 \sqrt{\varepsilon}.$$

## Exercice 14 : *interpolation affine par morceaux*

*On répond ici à un problème simple : quelles sont les fonctions dont les interpolées affines par morceaux les meilleures (au sens de la norme $L^1$) sont* *toujours obtenues avec des subdivisions uniformes? Ce n'est pas la question en elle-même (plutôt anodine) qui motive cet exercice, mais sa résolution, qui permet d'appréhender l'idée directrice d'un principe célèbre d'optimisation appelé "programmation dynamique".*

Soit $f$ une fonction $\mathcal{C}^\infty$ sur $[a, b]$. On note $S_N$ l'ensemble des subdivisions $(\sigma_i)_{i=0,\dots,N}$ de $[a, b]$ (c'est-à-dire $a = \sigma_0 < \sigma_1 < \dots < \sigma_N = b$), et pour tout élément $\sigma$ de $S_N$ on note $\varphi_\sigma$ la fonction affine par morceaux qui interpole $f$ aux points de $\sigma$. On suppose que pour tout $N$, la borne inférieure

$$\inf_{\sigma \in S_N} \int_a^b |f(x) - \varphi_\sigma(x)|\, dx$$

est atteinte quand la subdivision $\sigma$ est uniforme (autrement dit de pas constant). Trouver $f$.

---

### Exercice 15 : *optimisation sans contrainte*

*L'optimisation consiste à construire des algorithmes pour calculer le minimum d'une fonction sur un ensemble. Ici l'ensemble sur lequel on minimise est $\mathbb{R}^n$ tout entier, d'où le terme de "sans contrainte". La méthode décrite ci-dessous (qui s'appelle méthode de la relaxation) consiste en fait à se ramener à plusieurs problèmes de minimisation sur $\mathbb{R}$.*

Soit $J : \mathbb{R}^n \to \mathbb{R}$, une fonction de classe $\mathcal{C}^2$ et elliptique, c'est-à-dire telle que

$$\exists \alpha > 0, \ \forall (v, w) \in \mathbb{R}^n \times \mathbb{R}^n, \qquad D^2 J(w)(v, v) \geqslant \alpha \|v\|^2,$$

où $\|\cdot\|$ désigne la norme euclidienne usuelle sur $\mathbb{R}^n$, muni de sa base canonique $(e_1, \dots, e_n)$, et $D^2 J(w)$ la différentielle seconde de $J$ au point $w$ (c'est une application bilinéaire). On admet l'existence d'un minimum $\bar{u}$ tel que

$$J(\bar{u}) = \min_{v \in \mathbb{R}^n} J(v).$$

On veut étudier une méthode numérique pour approcher $\bar{u}$. Pour cela, on construit une suite $X_k = (x_1^k, \dots, x_n^k)$, $k \in \mathbb{N}$ en se donnant le premier terme $X_0$ et en définissant $X_{k+1}$ par récurrence à partir de $X_k$ par le procédé suivant.

On pose $X_{k,0} = X_k$, et on définit $X_{k,l}$ pour $l = 1, \dots, n$ par

$$X_{k,l} \text{ réalise } J(X_{k,l}) = \min_{\rho \in \mathbb{R}} J(X_{k,l-1} + \rho e_l).$$

Enfin, on pose $X_{k+1} = X_{k,n}$.

1) Montrer que $X_{k,l}$ existe et est unique. Montrer que $\dfrac{\partial J}{\partial x_l}(X_{k,l}) = 0$ pour tout $l$ et tout $k$.

2) Montrer que $\lim\limits_{k \to \infty} (J(X_k) - J(X_{k+1})) = 0$.

3) Montrer que $\lim\limits_{k \to \infty} \|X_k - X_{k+1}\| = 0$.

4) Montrer que $\lim\limits_{k \to \infty} \|\bar{u} - X_k\| = 0$ et conclure.

5) Soit $J(x_1, x_2) = x_1^2 + x_2^2 - 2(x_1 + x_2) + 2|x_1 - x_2|$. Discuter l'algorithme précédent pour $X_0 = (0,0)$.

---

## Exercice 16 : *théorème de Stampacchia*

*Le théorème de Stampacchia est le point de départ de nombreuses méthodes d'analyse d'équations ou d'inéquations variationnelles à travers l'un de ses corollaires : le théorème de Lax-Milgram. La mécanique, et la physique en général, regorgent de phénomènes qui se modélisent de cette façon.*

Soit $H$ un espace préhilbertien complet sur $\mathbb{C}$ (i.e. un espace de Hilbert), et $H^*$ son dual topologique (c'est-à-dire l'ensemble des formes linéaires continues sur $H$). Soit $K \subset H$ un convexe fermé non vide, et $a$ une forme bilinéaire continue telle que

$$\exists \alpha > 0, \ \forall v \in H, \qquad a(v,v) \geqslant \alpha \|v\|^2.$$

1) (*Théorème de projection sur un convexe fermé*) Montrer que pour tout $f \in H$, il existe $u \in K$ tel que $\|f - u\| = \min\limits_{v \in K} \|f - v\|$.

2) Montrer que $u$ est caractérisé par $u \in K$ et $\langle f - u, v - u \rangle \leqslant 0$ pour tout $v \in K$.

3) Montrer que $u$ est unique.

4) (*Théorème de Riesz-Fréchet*) Montrer que pour tout $\phi \in H^*$, il existe un unique $f \in H$ tel que $\phi(v) = \langle f, v \rangle$ pour tout $v$ dans $H$.

5) (*Théorème de Stampacchia*) Soit $\phi \in H^*$. Montrer qu'il existe un unique $u \in K$ tel que $a(u, v - u) \geqslant \phi(v - u)$ pour tout $v \in K$.

6) Si $a$ est de plus symétrique, montrer que $u$ est caractérisé par $u \in K$ et

$$\frac{1}{2}a(u,u) - \phi(u) = \min\limits_{v \in K} \left\{ \frac{1}{2}a(v,v) - \phi(v) \right\}.$$

## Exercice 17 : surfaces minimales : caténoïde

*La motivation physique de ce grand classique du calcul variationnel est la suivante : quelle forme adopte un film de savon (c'est-à-dire une surface d'aire minimale) s'appuyant sur deux cercles définissant un cylindre droit ?*

Soient $a > 0$, et $\Omega$ l'ensemble des fonctions $f : [0,1] \to \mathbb{R}$ de classe $\mathcal{C}^2$ telles que $f > 0$ sur $[0,1]$ et $f(0) = f(1) = a$.

1) Pour $f \in \Omega$, donner une expression de l'aire $E(f)$ de la surface de révolution de profil donné par le graphe de $f$ relativement à l'axe des abscisses.

2) Montrer que pour toute fonction $\varphi : [0,1] \to \mathbb{R}$ de classe $\mathcal{C}^2$ nulle en 0 et en 1, la fonction $F : \lambda \mapsto E(f + \lambda\varphi)$ est dérivable au voisinage de 0. Trouver une expression de $F'(0)$ ne faisant pas intervenir les dérivées de $\varphi$.

3) On suppose que $E(f) = \min_{g \in \Omega} E(g)$. Trouver $f$.

## Exercice 18 : jeu de pièces

*Ce problème amusant de théorie des jeux fait appel à la notion de stratégie mixte optimale. Dans le cas particulier de cet énoncé, une simplification des raisonnements réduit sa résolution à un problème simple de minimisation sous contrainte. Évidemment, compte tenu du programme de probabilités inexistant en classes préparatoires, la modélisation probabiliste n'était pas attendue du candidat.*

1) Un mathématicien vous montre deux pièces de monnaie de valeurs distinctes $a$ et $b$ et vous propose le pari suivant : il en cache une dans sa main, et vous demande de deviner laquelle. Si vous réussissez, vous gagnez la pièce en question, sinon vous lui donnez une somme de $(a+b)/2$. Acceptez-vous le pari ?

*Indication : calculer le gain minimal que le mathématicien assure en moyenne lorsqu'il choisit entre $a$ et $b$ au hasard.*

2) On généralise le jeu à $n$ pièces de valeurs $a_1, a_2, ..., a_n$. Montrer que le jeu est équitable si et seulement si la somme $S$ à donner au mathématicien en cas d'échec prend une valeur $S_0$ que l'on précisera.

3) Montrer que

$$\left( \frac{1}{n} \sum_{i=1}^{n} \frac{1}{a_i} \right)^{-1} \leqslant (n-1)S_0 \leqslant \frac{1}{n} \sum_{i=1}^{n} a_i.$$

Cas d'égalité ? Qu'obtient-on pour $n = 2$ ?

## §4. Analyse numérique matricielle

### Exercice 19 : *normes subordonnées*

*Il est bien connu qu'en dimension finie, toutes les normes sont équivalentes, et c'est en particulier le cas des normes matricielles. Cependant, pour mener à bien certaines démonstrations, le choix d'une norme particulière est parfois crucial. On étudie ici quelques particularités des normes matricielles subordonnées. Cette notion intervient également dans l'exercice 21.*

Dans cet exercice, on se place sur $\mathcal{M}_n(\mathbb{C})$. Une norme matricielle $\|\cdot\|$ est une norme sur $\mathcal{M}_n(\mathbb{C})$ qui vérifie, pour toutes matrices $A$, $B$, $\|AB\| \leqslant \|A\| \, \|B\|$. On appelle rayon spectral d'une matrice $A$ la quantité

$$\rho(A) = \max_{\lambda \in \mathrm{Sp}(A)} |\lambda|,$$

où $\mathrm{Sp}(A)$ désigne l'ensemble des valeurs propres de $A$. On définit les normes vectorielles $\|\cdot\|_1$ et $\|\cdot\|_\infty$ par $\|v\|_1 = \sum_{i=1}^{n} |v_i|$, et $\|v\|_\infty = \max_{1 \leqslant i \leqslant n} |v_i|$ pour $v = (v_i) \in \mathbb{C}^n$ et on notera de la même manière les normes matricielles qui leur sont subordonnées.

1) Soit $A$ une matrice et $\|\cdot\|$ une norme matricielle quelconque. Montrer que $\rho(A) \leqslant \|A\|$.

2) Montrer que $\|A\|_1 = \max_j \sum_i |a_{ij}|$ et que $\|A\|_\infty = \max_i \sum_j |a_{ij}|$, où les $(a_{ij})$ sont les coefficients de $A$.

3) Soit $A$ une matrice et $\varepsilon > 0$. Montrer qu'il existe une norme matricielle subordonnée telle que $\|A\| \leqslant \rho(A) + \varepsilon$.

4) Montrer que les assertions suivantes sont équivalentes :

(i)     $\lim_{k \to \infty} A^k = 0$,

(ii)    $\lim_{k \to \infty} A^k v = 0$ pour tout $v \in \mathbb{C}^n$,

(iii)   $\rho(A) < 1$,

(iv)   $\|A\| < 1$ pour au moins une norme matricielle subordonnée.

### Exercice 20 : *méthode de Givens*

*Calculer les valeurs propres d'une matrice permet de connaître les modes propres des systèmes physiques dont elle découle mais aussi les propriétés mathématiques de la matrice et son comportement vis-à-vis de calculs numériques. La méthode de Givens présentée ici permet le calcul effectif des valeurs propres d'une matrice symétrique tridiagonale. Elle est souvent couplée à la méthode de Householder, qui permet de se ramener à ce type de matrices à partir d'une matrice seulement symétrique.*

On cherche les valeurs propres d'une matrice réelle de la forme

$$
A = \begin{pmatrix}
b_1 & c_1 & & & \\
c_1 & b_2 & c_2 & (0) & \\
& \ddots & \ddots & \ddots & \\
& (0) & \ddots & \ddots & c_{n-1} \\
& & & c_{n-1} & b_n
\end{pmatrix}.
$$

1) Montrer que l'on peut restreindre l'étude au cas où les $c_i$ sont tous non nuls.

2) Soit $p_i$ le polynôme caractéristique de la matrice $A_i$ formée des $i$ premières lignes et colonnes. Montrer que $p_i$ possède $i$ racines réelles distinctes qui séparent les $i+1$ racines du polynôme $p_{i+1}$.

3) Pour $\mu$ réel quelconque, on pose

$$
f_i(\mu) = \begin{cases}
\operatorname{sgn} p_i(\mu) & \text{si } p_i(\mu) \neq 0, \\
\operatorname{sgn} p_{i-1}(\mu) & \text{si } p_i(\mu) = 0,
\end{cases}
$$

où $\operatorname{sgn} x = $'+' si $x > 0$ et $\operatorname{sgn} x = $'−' si $x < 0$. Soit $N(i, \mu)$ le nombre de changements de signe obtenus en parcourant dans l'ordre les éléments de la suite $E(i, \mu) = (+, f_1(\mu), \ldots, f_i(\mu))$. Montrer que $N(i, \mu)$ est égal au nombre des racines inférieures à $\mu$ du polynôme $p_i$.

4) En déduire une méthode de recherche des valeurs propres.

---

### Exercice 21 : *méthodes itératives*

*Dès qu'une matrice est d'un ordre relativement grand, il devient trop coûteux de calculer son inverse. Il existe alors un arsenal de méthodes permettant néanmoins de résoudre en un temps raisonnable des systèmes linéaires mettant en jeu typiquement des matrices pleines d'ordre 1000 ou des matrices creuses (avec beaucoup de coefficients nuls) d'ordre 100000.*

On définit une suite $(u_k)_{k \in \mathbb{N}}$ d'éléments de $\mathbb{C}^n$ par son premier élément $u_0$ et la relation de récurrence $u_{k+1} = Bu_k + c$ où $c \in \mathbb{C}^n$ et $B \in \mathcal{M}_n(\mathbb{C})$.

1) Montrer qu'une condition suffisante pour que la suite $(u_k)$ admette une limite et que cette limite ne dépende pas de $u_0$ est qu'il existe une norme matricielle subordonnée pour laquelle $\|B\| < 1$.

2) Soient $A$, $M$, $N \in \mathcal{M}_n(\mathbb{C})$ telles que $A = M - N$ est hermitienne définie positive ainsi que $(M^* + N)$. Supposons de plus que $M$ est inversible. On définit la norme vectorielle $\|v\| = \sqrt{v^* A v}$ pour $v \in \mathbb{C}^n$. Montrer que pour la norme matricielle subordonnée associée, on a $\|M^{-1}N\| < 1$.

3) En déduire une méthode de résolution de $Au = b$.

4) Soient $A$ une matrice hermitienne et $\omega$ un réel. Que dire de la décomposition

$$M = \frac{1}{\omega}D - E \qquad \text{et} \qquad N = \frac{1-\omega}{\omega}D + F,$$

où $D$ est la diagonale de $A$, $E$ sa partie inférieure et $F$ sa partie supérieure?

---

## Exercice 22 : théorème de Perron-Frobenius

*Toujours à la recherche de valeurs propres comme dans l'exercice 20, on s'intéresse ici à des matrices dont tous les termes sont positifs. De telles matrices sont courantes dans la théorie des probabilités, l'économétrie, la chimie...*

On dit d'une matrice qu'elle est irréductible, s'il n'existe pas de permutation des éléments de la base qui la rende triangulaire supérieure par blocs. Soit $A$ une matrice carrée irréductible à éléments tous positifs ou nuls. On note $\rho$ le maximum des modules de ses valeurs propres.

1) Montrer que si $y$ est vecteur de composantes positives ou nulles (ce que l'on note $y \geqslant 0$), alors $z = (I + A)y$ possède un nombre de composantes nulles strictement inférieur à celui de $y$.

2) Montrer que $(I + A)^{n-1}$ est une matrice à éléments tous non nuls.

3) Pour $x \in \mathbb{R}^n$, $x \geqslant 0$, on pose $r_x = \min\limits_{i;\, x_i \neq 0} \dfrac{(Ax)_i}{x_i}$ où $(Ax)_i = \sum\limits_{k=1}^{n} a_{ik}x_k$, puis $r = \max\limits_{x \geqslant 0} r_x$. Montrer que ce maximum est bien défini, strictement positif, et que $r$ est une valeur propre de $A$ associée à un vecteur propre de composantes strictement positives.

4) Montrer que $r = \rho$.

---

## Exercice 23 : quotients de Rayleigh

*Les quotients de Rayleigh permettent de caractériser les valeurs propres d'une matrice, mais il est cependant difficile de baser des méthodes numériques sur les définitions qui suivent. Un exemple d'application aux perturbations de matrices symétriques est développé ici.*

Pour toute matrice $A$ de $\mathcal{M}_n(\mathbb{C})$, on note $\rho(A)$ le rayon spectral de $A$, c'est-à-dire le maximum des modules des valeurs propres de $A$. On appelle quotient de Rayleigh la fonction $R_A : v \mapsto \dfrac{v^* A v}{v^* v}$ définie sur $\mathbb{C}^n \setminus \{0\}$.

1) Soit $A$ une matrice hermitienne de valeurs propres $\lambda_1 \leqslant \ldots \leqslant \lambda_n$ et de vecteurs propres associés $p_1, \ldots, p_n$ tels que $p_i^* p_j = \delta_{ij}$. L'espace vectoriel engendré par les $k$ premiers vecteurs propres est noté $V_k = \text{vect}\{p_1, \ldots, p_k\}$ et on appelle $\mathcal{V}_k$ l'ensemble des sous-espaces vectoriels de $\mathbb{C}^n$ de dimension $k$. Montrer que les valeurs propres peuvent être caractérisées par

$$(i) \quad \lambda_k = R_A(p_k),$$

$$(ii) \quad \lambda_k = \max_{v \in V_k} R_A(v),$$

$$(iii) \quad \lambda_k = \min_{v \perp V_{k-1}} R_A(v),$$

$$(iv) \quad \lambda_k = \min_{W \in \mathcal{V}_k} \max_{v \in W} R_A(v),$$

$$(v) \quad \lambda_k = \max_{W \in \mathcal{V}_{k-1}} \min_{v \perp W} R_A(v).$$

2) Montrer que $\left\{ R_A(v); \; v \in \mathbb{C}^n \setminus \{0\} \right\} = [\lambda_1, \lambda_n]$.

3) Soient $A$ et $B = A + \delta A$ deux matrices hermitiennes de valeurs propres respectives $\alpha_1 \leqslant \ldots \leqslant \alpha_n$ et $\beta_1 \leqslant \ldots \leqslant \beta_n$. Montrer que $|\alpha_k - \beta_k| \leqslant \rho(\delta A)$, pour $k = 1, \ldots, n$.

## §5. Analyse asymptotique

## Exercice 24 : lemmes de Gronwall

*L'étude des problèmes non linéaires par une méthode de point fixe aboutit souvent à une inégalité qui compare une fonction positive et sa dérivée. Pour en déduire des propriétés sur la fonction elle-même, on utilise alors souvent ce que l'on appelle le "lemme de Gronwall".*

1) (*Lemme de Gronwall classique*) Soit $\alpha > 0$, et $\phi$, $\beta$ deux fonctions continues et positives sur l'intervalle $[0, T]$ telles que

$$\forall t \in [0, T], \qquad \phi(t) \leqslant \alpha + \int_0^t \beta(s)\phi(s)ds.$$

Montrer que pour tout $t \in [0, T]$, $\phi(t) \leqslant \alpha \exp\left(\int_0^t \beta(s)ds\right)$.

2) (*Lemme de Gronwall singulier*) Soient trois réels $\alpha$, $a$, $b$ vérifiant $\alpha > 0$ et $0 \leqslant b < a < 1$, et $\phi$, $\beta$ deux fonctions continues et positives sur l'intervalle $[0, T]$ telles que

$$\forall t \in ]0, T], \qquad \phi(t) \leqslant \alpha t^{-a} + \int_0^t (t - s)^{-b}\beta(s)\phi(s)ds.$$

Montrer qu'il existe une constante $C$ indépendante de $\alpha$ telle que pour tout $t \in ]0, T]$, $\phi(t) \leqslant C\alpha t^{-a}$.

*Indication : introduire la fonction* $\theta(t) = \sup_{s \in [0, t]} s^a \phi(s)$.

---

## Exercice 25 : théorème de la phase stationnaire

*Dans la théorie de la propagation des ondes, il est très courant de supposer que l'onde est le produit d'une phase rapide avec une enveloppe dont l'évolution est plus lente. C'est par exemple dans ce cadre qu'apparaissent les théorèmes de phase stationnaire dont nous donnons ici un avant-goût.*

Soient $\phi : [a, b] \to \mathbb{R}$ et $\psi : [a, b] \to \mathbb{C}$ deux fonctions de classe $\mathcal{C}^\infty$. Pour tout réel $\lambda$, on pose $I(\lambda) = \int_a^b e^{i\lambda\phi(x)}\psi(x)dx$.

1) On suppose de plus que $\psi$ est à support compact dans $]a, b[$. Montrer que si $\phi'$ ne s'annule pas sur $[a, b]$, alors

$$\forall N \in \mathbb{N}, \qquad I(\lambda) = \underset{|\lambda| \to +\infty}{O}(\lambda^{-N}).$$

2) On suppose maintenant qu'il existe un entier $k$ tel que $|\phi^{(k)}(x)| \geqslant 1$ pour tout $x \in [a, b]$.

a) Montrer que si $k = 1$ et $\phi'$ est monotone, alors

$$\left|\int_a^b e^{i\lambda\phi(x)}dx\right| \leqslant c_1\lambda^{-1},$$

où $c_1$ est une constante qui ne dépend ni de $a$, ni de $b$ ni de $\phi$.

b) Montrer que si $k \geqslant 2$, alors

$$\left| \int_a^b e^{i\lambda\phi(x)} dx \right| \leqslant c_k \lambda^{-1/k},$$

où $c_k$ est encore une constante "universelle".

3) Sous les mêmes hypothèses qu'à la question 2, montrer que

$$|I(\lambda)| \leqslant c_k \lambda^{-1/k} \left[ |\psi(b)| + \int_a^b |\psi'(x)| dx \right].$$

---

### Exercice 26 : *méthode de Monte-Carlo*

*La méthode de Monte-Carlo s'énonce habituellement dans un contexte probabiliste, où les propriétés de convergence se formulent en termes d'espérance mathématique. Ici, nous adoptons un point de vue déterministe, en définissant et en caractérisant la notion de répartition uniforme d'une suite infinie de points dans un segment.*

Soit $(x_n) \in [0,1]^{\mathbb{N}}$, montrer que les propriétés suivantes sont équivalentes :

(i)   (*équirépartition*) Pour tous réels $a$ et $b$ tels que $0 \leqslant a \leqslant b \leqslant 1$,

$$\frac{1}{n} \operatorname{Card} \left\{ k \in \{1, ..., n\}, \ x_k \in [a,b] \right\} \xrightarrow[n \to +\infty]{} b - a.$$

(ii)   (*convergence de la méthode de Monte-Carlo*) Pour toute fonction $f$ continue de $[0,1]$ dans $\mathbb{R}$,

$$\frac{1}{n} \sum_{k=1}^n f(x_k) \xrightarrow[n \to +\infty]{} \int_0^1 f(x) dx.$$

(iii)   (*critère de Weyl*) Pour tout entier relatif non nul $p$,

$$\frac{1}{n} \sum_{k=1}^n e^{2i\pi p x_k} \xrightarrow[n \to +\infty]{} 0.$$

## Exercice 27 : le problème des petits diviseurs

Le problème des "petits diviseurs" apparaît dans l'étude des résonnances de phénomènes quasi-périodiques. Dans cet exercice, on aborde le problème sous l'angle de la convergence/divergence de suites simples, qui montrent la nécessité d'arguments fondés sur l'approximation diophantienne.

1) Etudier la convergence de la suite $\left( \dfrac{1}{n \sin n} \right)$ quand $n \to +\infty$.

Indication : montrer que pour tout $x$ réel, l'ensemble

$$\left\{ (p, q) \in \mathbb{Z} \times \mathbb{N}^*, \quad \left| x - \frac{p}{q} \right| \leqslant \frac{1}{q^2} \right\}$$

est infini.

2) Soit $(\lambda_n)$ une suite strictement croissante d'entiers. On pose

$$\alpha = \sum_{n=0}^{\infty} 10^{-\lambda_n}.$$

Trouver une condition suffisante sur la suite $(\lambda_n)$ pour que les suites $\left( \dfrac{1}{n^s \sin(\pi \alpha n)} \right)$ soient bien définies et divergentes pour tout $s > 0$.

3) Montrer que pour tout entier $p$, il existe un irrationnel $\alpha > 0$ et une fonction $\phi$ de classe $\mathcal{C}^p$, 1-périodique et de moyenne nulle tels que l'équation

$$\forall x \in \mathbb{R}, \quad \psi(x + \alpha) - \psi(x) = \phi(x)$$

n'admette aucune solution $\psi$ continue et 1-périodique.

# Chapitre 2
## Solutions et commentaires

*Corrigé 1 (modèle de Child-Langmuir)*

1) En multipliant l'équation différentielle par $2\varphi'$ et en intégrant entre 0 et $x$, on obtient

$$\varphi'^2(x) - \varphi'^2(0) = 4j\sqrt{\varphi(x)}. \tag{2}$$

Pour que $\sqrt{\varphi}$ soit définie au voisinage de 0, on doit avoir $\varphi'(0) \geqslant 0$, et comme $\varphi''$ est positive sur $]0,1[$, $\varphi'$ est croissante donc positive sur $[0,1]$. Ainsi, en se restreignant au cas $j > 0$ (ce qui n'est pas limitatif car, si $j \leqslant 0$, il n'y a plus rien à démontrer), on obtient

$$\frac{\varphi'}{\varphi^{1/4}} \geqslant 2\sqrt{j},$$

ce qui après intégration donne $[\varphi^{3/4}]_0^1 \geqslant \frac{3}{2}\sqrt{j}$, soit $j \leqslant 4/9$.

2) Soit $\varepsilon > 0$ et $\lambda \geqslant 0$ fixés. Le théorème de Cauchy-Lipschitz, appliqué au système différentiel du premier ordre

$$\begin{pmatrix} \varphi \\ \psi \end{pmatrix}' = \begin{pmatrix} \psi \\ \frac{j}{\sqrt{\varphi+\varepsilon}} \end{pmatrix},$$

nous dit qu'il existe une unique fonction (notée $\varphi_\lambda$) de classe $\mathcal{C}^2$ (car $\psi = \varphi'$ est de classe $\mathcal{C}^1$), solution maximale de l'équation différentielle $(1_\varepsilon)$ au voisinage de 0, et telle que $\varphi(0) = 0$ et $\varphi'(0) = \lambda$. Comme $\varphi_\lambda''$ est bornée, nécessairement $\varphi_\lambda$ est définie sur $\mathbb{R}^+$ tout entier, et donc *a fortiori* sur $[0,1]$. Il reste à prouver que pour $\varepsilon$ assez petit, il existe une et une seule valeur de $\lambda$ telle que $\varphi_\lambda(1) = 1$. Pour cela, posons $\Phi(\lambda) = \varphi_\lambda(1)$. Nous allons montrer les trois propriétés suivantes :

    (i)    $\Phi(0) < 1 < \Phi(1)$,
    (ii)   $\Phi$ est strictement croissante,
    (iii)  $\Phi$ est continue.

Les propriétés (i) et (iii) nous assureront de l'existence de $\lambda$ grâce au théorème des valeurs intermédiaires, et la propriété (ii) garantira l'unicité.

**(i)** Tout d'abord, en reprenant le calcul de la question 1 on obtient

$$(\varphi_0(1) + \varepsilon)^{3/4} - \varepsilon^{3/4} = \frac{3}{2}\sqrt{j} < 1,$$

donc pour $\varepsilon$ assez petit (tel que $3\sqrt{j}/2+\varepsilon^{3/4} < 1$ par exemple) on a $\varphi_0(1) < 1$. De plus, pour tout $x \in ]0, 1]$ on a $\varphi_1'(x) > \varphi_1'(0) = 1$, ce qui après intégration sur $[0, 1]$ montre que $\varphi_1(1) > 1$.

**(ii)** Soit maintenant $0 \leqslant \lambda < \mu$. Si l'ensemble

$$E = \left\{ t \in [0, 1]; \varphi_\lambda'(t) - \varphi_\mu'(t) = 0 \right\}$$

n'est pas vide, alors il admet une borne inférieure $c$, et par continuité de l'application $\varphi_\lambda' - \varphi_\mu'$ on a $\varphi_\lambda'(c) = \varphi_\mu'(c)$ (ce qui prouve au passage que $c > 0$), ainsi que $\varphi_\lambda'(x) < \varphi_\mu'(x)$ pour tout $x \in [0, c[$. Par conséquent,

$$\varphi_\lambda(c) = \int_0^c \varphi_\lambda'(t)\,dt < \int_0^c \varphi_\mu'(t)\,dt = \varphi_\mu(c).$$

De même que l'on peut déduire (2) de (1), l'équation $(1_\varepsilon)$ implique que

$$\varphi'^2(x) - \varphi'^2(0) = 4j\left(\sqrt{\varphi(x) + \varepsilon} - \sqrt{\varepsilon}\right) \qquad (2_\varepsilon)$$

ce qui, appliqué à $\varphi_\lambda$ et $\varphi_\mu$ en $x = c$, donne

$$
\begin{aligned}
\varphi_\lambda'^2(c) - \lambda^2 &= 4j\left(\sqrt{\varphi_\lambda(c) + \varepsilon} - \sqrt{\varepsilon}\right) \\
&\leqslant 4j\left(\sqrt{\varphi_\mu(c) + \varepsilon} - \sqrt{\varepsilon}\right) \\
&\leqslant \varphi_\mu'^2(c) - \mu^2 \\
&\leqslant \varphi_\lambda'^2(c) - \mu^2
\end{aligned}
$$

et contredit $\lambda < \mu$. Par conséquent, $E$ est vide et pour tout $x \in [0, 1]$, l'application continue $\varphi_\lambda' - \varphi_\mu'$ reste strictement négative. Ainsi, la fonction $\lambda \mapsto \varphi_\lambda'(x)$ est strictement croissante. En intégrant, on en déduit que pour tout $x \in ]0, 1]$ l'application $\lambda \mapsto \varphi_\lambda(x)$ (et donc en particulier $\Phi$) est strictement croissante.

**(iii)** D'après ce qui précède et $(1_\varepsilon)$, la fonction $\lambda \mapsto \varphi_\lambda''(x)$ est strictement décroissante. On a donc, si $0 \leqslant \lambda < \mu$,

$$0 < \varphi_\mu'(x) - \varphi_\lambda'(x) = \int_0^x \left[\varphi_\mu''(t) - \varphi_\lambda''(t)\right]dt \;+\; \varphi_\mu'(0) - \varphi_\lambda'(0) \leqslant \mu - \lambda,$$

$$\text{et} \qquad 0 < \varphi_\mu(1) - \varphi_\lambda(1) = \int_0^1 \left[\varphi_\mu'(t) - \varphi_\lambda'(t)\right]dt \leqslant \mu - \lambda,$$

et donc la fonction $\Phi$ est continue (car 1-lipschitzienne).

Les trois propriétés ci-dessus nous assurent donc pour $\varepsilon$ assez petit de l'existence et l'unicité d'une solution $\varphi$ de $(1_\varepsilon)$ telle que $\varphi(0) = 0$ et $\varphi(1) = 1$, par existence et unicité d'un $\lambda$ convenable.

**Commentaire.** Le courant maximal dans une diode à vide plane est limité à cause de l'accumulation de charges près de l'anode et ce indépendamment du nombre d'électrons extraits de la cathode. Le modèle (1) proposé dans l'exercice est le modèle limite quand la vitesse moyenne d'injection des électrons est très faible par rapport à la vitesse des électrons due à l'accélération dans la diode. Comme cette équation résiste aux théorèmes classiques, nous proposons dans la question 2 de l'étudier comme la limite d'une autre équation qui n'est pas physique. Pour des détails sur la modélisation des phénomènes physiques et l'analyse mathématique rigoureuse de la limite, nous renvoyons à l'article de P. Degond et P. A. Raviart, "An Asymptotic Analysis of the One-Dimensional Vlasov-Poisson System : the Child-Langmuir Law", *Asymptotic Analysis*, vol. 4, 1991.

La méthode utilisée dans la question 2 est appelée "méthode de tir". L'idée est de remplacer des conditions aux bords (B) par des conditions initiales (I), puis de montrer que l'on peut choisir (I) de manière à satisfaire (B) par un argument de continuité. Dans le cas de l'exercice, la métaphore du tir est particulièrement parlante car le problème ressemble à un problème de balistique : avec quel angle doit-on "tirer" en 0 pour obtenir la valeur 1 au point d'abscisse 1 ?

Une autre démonstration par méthode de tir est possible. Elle repose sur l'utilisation de la fonction inverse de $\varphi_\lambda$. On intègre tout d'abord l'équation différentielle en cherchant $x$ fonction de $\varphi$. En effet, comme $\varphi_\lambda$ est strictement croissante sur $[0,1]$, on peut définir sa fonction réciproque $g_\lambda$, et un rapide calcul montre que l'on a

$$ g_\lambda(u) = \int_0^u \frac{dt}{\sqrt{\lambda^2 + 4j(\sqrt{t+\varepsilon} - \sqrt{\varepsilon})}}. $$

La continuité par rapport à $\lambda$ et $\varepsilon$ et des propriétés de monotonie permettent alors de montrer qu'il existe une unique valeur de $\lambda$ telle que $g_\lambda(1) = 1$, c'est-à-dire $\varphi_\lambda(1) = 1$. A la différence de la méthode proposée en corrigé, celle-ci permet de passer à la limite quand $\varepsilon$ tend vers 0 et de montrer l'existence et l'unicité de la fonction $\varphi$ considérée à la question 1.

Finalement, notons que l'on peut trouver facilement une solution exacte de (1) dans le cas limite. En cherchant une solution sous la forme $x \mapsto x^p$ (qui vérifie bien les conditions au temps $t = 0$), on trouve que nécessairement $p = 4/3$ et $j = 4/9$. Comme par ailleurs cette solution est unique (cf. ci-dessus), c'est bien la solution de (1) pour $j = 4/9$.

## Corrigé 2 (modèle de Landau)

1) On remarque tout d'abord que les hypothèses permettent d'affirmer que toutes les intégrales considérées sont bien définies. Pour alléger les notations, nous poserons

$$g(x, y, t) = \frac{\partial f}{\partial x}(x, t)f(y, t) - \frac{\partial f}{\partial x}(y, t)f(x, t).$$

Comme $(x, t) \mapsto f(x, t)\phi(x)$ et sa dérivée partielle par rapport à $t$ sont continues sur $[0, 1] \times \mathbb{R}$, on peut dériver sous le signe somme et obtenir

$$
\begin{aligned}
\frac{d}{dt} \int_0^1 f(x, t)\phi(x)dx &= \int_0^1 \frac{\partial f}{\partial t}(x, t)\phi(x)dx \\
&= \int_0^1 \frac{\partial}{\partial x}\left(\int_0^1 k(x, y)g(x, y, t)dy\right)\phi(x)dx \\
&= -\int_0^1 \int_0^1 k(x, y)g(x, y, t)dy\, \phi'(x)dx
\end{aligned}
$$

en intégrant par parties. En remarquant que $g(y, x, t) = -g(x, y, t)$ et en raison de la symétrie de $k$, on obtient, en échangeant les rôles de $x$ et $y$,

$$
\begin{aligned}
\frac{d}{dt} \int_0^1 f(x, t)\phi(x)dx &= -\int_0^1 \int_0^1 k(x, y)g(x, y, t)\phi'(x)dydx \\
&= +\int_0^1 \int_0^1 k(x, y)g(x, y, t)\phi'(y)dxdy \\
&= \frac{1}{2}\int_0^1 \int_0^1 k(x, y)g(x, y, t)\left(\phi'(y) - \phi'(x)\right)dxdy,
\end{aligned}
$$

ce qui est le résultat demandé.

2) On remarque tout d'abord que $H(t)$ est bien définie car $f$ est strictement positive. D'autre part, comme $(x, t) \mapsto f(x, t)\ln f(x, t)$ et sa dérivée partielle par rapport à $t$ sont continues sur $[0, 1] \times \mathbb{R}$ (puisque $f$ ne s'annule pas), on peut dériver sous le signe somme et obtenir

$$H'(t) = \int_0^1 \frac{\partial f}{\partial t}(x, t)\ln(f(x, t))dx + \int_0^1 \frac{\partial f}{\partial t}(x, t)dx.$$

Le second terme est nul en appliquant le résultat de la question précédente à $\phi \equiv 1$. En procédant exactement de la même manière qu'à la question 1 (le terme $\phi(x)$ étant remplacé par $\ln f(x, t)$), on obtient

$$
\begin{aligned}
H'(t) &= \int_0^1 \frac{\partial}{\partial x}\left(\int_0^1 k(x,y)g(x,y,t)dy\right)\ln(f(x,t))dx \\
&= \frac{1}{2}\int_0^1\int_0^1 k(x,y)\left(\frac{\partial f}{\partial x}(y,t)\frac{1}{f(y,t)} - \frac{\partial f}{\partial x}(x,t)\frac{1}{f(x,t)}\right)g(x,y,t)dxdy \\
&= -\frac{1}{2}\int_0^1\int_0^1 \frac{k(x,y)}{f(y,t)f(x,t)}\Big(g(x,y,t)\Big)^2 dx\, dy \leqslant 0.
\end{aligned}
$$

Supposons maintenant que $H'(t) = 0$. Comme la fonction sous le signe somme est continue et positive sur $[0,1]^2$, elle doit être identiquement nulle, donc comme $k$ ne s'annule pas sur $]0,1[^2$ on a

$$
\begin{aligned}
H'(t) = 0 &\iff \forall x,y, \quad \frac{\partial f}{\partial x}(x,t)f(y,t) = \frac{\partial f}{\partial x}(y,t)f(x,t) \\
&\iff \forall x,y, \quad \frac{\partial f}{\partial x}(x,t)\frac{1}{f(x,t)} = \frac{\partial f}{\partial x}(y,t)\frac{1}{f(y,t)} \\
&\iff \forall x, \quad \frac{\partial f}{\partial x}(x,t)\frac{1}{f(x,t)} = \alpha(t) := \frac{\partial f}{\partial x}(0,t)\frac{1}{f(0,t)} \\
&\iff \forall x,t, \quad f(x,t) = f(0,t)e^{\alpha(t)x},
\end{aligned}
$$

d'où le résultat demandé avec $\lambda(t) = f(0,t)$.

3) Sur $]0,+\infty[$, la fonction $x \mapsto x\ln x$ (de dérivée $x \mapsto 1 + \ln x$) atteint son minimum en $x = 1/e$. Ainsi, on a $x\ln x \geqslant -1/e$ pour tout $x > 0$, donc en particulier $H$ est minorée par $-1/e$. La fonction $H$ est décroissante et minorée, elle admet donc une limite quand $t$ tend vers $+\infty$.

**Commentaire.** La modélisation statistique de chocs élastiques dans un gaz neutre donne lieu à l'équation de Boltzmann qui s'écrit

$$
\frac{\partial f}{\partial t}(t,x,v) = \int_{w\in\mathbb{R}^3,\theta\in\mathbb{S}^2} \sigma(|v-w|,\theta)\left(f(t,x,v')f(t,x,w') - f(t,x,v)f(t,x,w)\right)dwd\theta.
$$

Dans ce modèle, $f(t,x,v)$ est la probabilité de présence au temps $t$ et au point $x$ d'une particule de vitesse $v$. Lorsque deux particules de vitesses initiales $v$ et $w$ entrent collision, elles ont après le choc les vitesses $v'$ et $w'$. Comme il faut conserver le moment et l'énergie dans une collision élastique, seules $v$, $w$ et un "angle" $\theta$ (élément de la sphère de dimension 2 notée $\mathbb{S}^2$) suffisent à décrire complètement la collision. La probabilité d'une telle collision est liée à la quantité $\sigma(|v-w|,\theta)$. Les termes positifs de l'intégrande correspondent plus précisément à l'apparition d'une particule de vitesse $v$ (et une autre de vitesse $w$) à partir de $v'$ et $w'$, le terme négatif correspondant à la disparition d'une particule de vitesse $v$ par collision. Le cas de la collision rasante ($\theta$ petit) correspond à une singularité de $\sigma$, ce qui veut dire à la fois que ces collisions sont très probables et que la modélisation numérique de ces collisions est très mauvaise, voire négligée (dans le cas d'un "cut-off" angulaire). Un modèle spécifique pour ces collisions est donc nécessaire et est obtenu par développement asymptotique à partir du modèle de Boltzmann. C'est ainsi que l'on obtient l'équation de Landau

$$\frac{\partial f}{\partial t}(t,x,v) = \nabla_v \cdot \int \Phi(v-w)(f(t,x,w)\nabla f(t,x,v) - f(t,x,v)\nabla f(t,x,w))dw,$$

où $\Phi(u)$ est la matrice $\|u\|^\gamma \left(I - \frac{u \otimes u}{\|u\|^2}\right)$. Pour la dérivation rigoureuse de cette équation, nous renvoyons à l'article de P. Degond et B. Lucquin-Desreux, "The Fokker-Planck asymptotics of the Boltzmann collision operator in the Coulomb case", *Mathematical Models and Methods in Applied Sciences*, vol. 2, 1992. Pour une description physique de ces modèles, nous pouvons citer le livre de E. Lifschitz de L. Pitayevski, *Cinétique Physique*, collection Landau-Lifschitz, Librairie du globe – MIR (1990) et celui de J.L. Delacroix et A. Bers, *Physique de plasmas, 1 et 2*, CNRS Edition (1994).

Une dernière question de l'exercice aurait pu consister à montrer que la limite dont l'existence est montrée à la question 3 est en fait une solution pour laquelle $H$ est nulle. Dans le cas de l'équation de Landau physique, on montre que les limites sont des maxwelliennes.

---

## Corrigé 3 *(équations de Bloch)*

1) Nous allons bien sûr essayer de retrouver les propriétés de la matrice $\rho(0)$.

• En utilisant les propriétés de la trace,

$$i(\mathrm{Tr}\rho)' = \mathrm{Tr}(i\rho') = \mathrm{Tr}(H\rho) - \mathrm{Tr}(\rho H) = 0,$$

donc la trace est constante et ici $\mathrm{Tr}\rho(t) = 1$ pour tout $t \in \mathbb{R}$. On remarque également que $i(\rho^k)' = [H, \rho^k]$ et donc la trace de $\rho^k$ est aussi constante (ici, contrairement à la question suivante, $\rho^k$ désigne la puissance $k$ème de $\rho$).

• La matrice $H$ étant hermitienne, elle est diagonalisable dans une base orthonormée. Ainsi, il existe une matrice de passage $P$ telle que $P^* = P^{-1}$ et $P^{-1}HP = D$, où $D = \mathrm{diag}(d_1, \ldots, d_n)$ est une matrice diagonale. On remarque alors que

$$i(P^{-1}\rho P)' = P^{-1}HPP^{-1}\rho P - P^{-1}\rho PP^{-1}HP,$$

ce qui en posant $\tilde{\rho} = P^{-1}\rho P$, donne une équation différentielle simple pour $\tilde{\rho}$, à savoir $i\tilde{\rho}' = [D, \tilde{\rho}]$. En particulier, pour chaque élément de la matrice $\tilde{\rho}$, $\tilde{\rho}_{jk}$, $(j, k) \in \{1, ..., N\}^2$, on a

$$i(\tilde{\rho}_{jk})' = (d_j - d_k)\tilde{\rho}_{jk}.$$

On peut résoudre cette équation différentielle exactement :

$$\tilde{\rho}_{jk}(t) = e^{-i(d_j - d_k)t}\tilde{\rho}_{jk}(0).$$

On a alors

$$\overline{\tilde{\rho}_{kj}(t)} = e^{+i(d_k - d_j)t}\overline{\tilde{\rho}_{kj}(0)} = e^{-i(d_j - d_k)t}\overline{\tilde{\rho}_{kj}(0)}.$$

Or, comme $\rho(0)$ est hermitienne, $\tilde{\rho}(0)$ l'est aussi (puisque $\tilde{\rho}(0) = P^{-1}\rho(0)P$ avec $P^{-1} = P^*$), et donc d'après l'égalité précédente $\tilde{\rho}(t)$ et par suite $\rho(t)$ sont aussi hermitiennes.

- Montrons enfin que $\rho(t)$ reste positive. Pour tout $x \in \mathbb{C}^N$,

$$
\begin{aligned}
\sum_{1 \leqslant j,k \leqslant N} x_j \tilde{\rho}_{jk}(t)x_k^* &= \sum_{1 \leqslant j,k \leqslant N} x_j e^{-i(d_j - d_k)t}\tilde{\rho}_{jk}(0)x_k^* \\
&= \sum_{1 \leqslant j,k \leqslant N} y_j \tilde{\rho}_{jk}(0)y_k^* \geqslant 0,
\end{aligned}
$$

où $y_j = x_j e^{-id_j t}$, et en raison de la positivité de $\rho(0)$ (qui implique celle de $\tilde{\rho}(0)$).

2) On se place à nouveau dans une base orthonormée où $H$ est diagonale et on pose $\tilde{\rho}^n = P^{-1}\rho^n P$ ($P$ étant la matrice unitaire définie à la question précédente). Le schéma se réécrit, pour chaque élément de la matrice $\tilde{\rho}^n$,

$$i\frac{\tilde{\rho}_{jk}^{n+1} - \tilde{\rho}_{jk}^n}{\delta t} = (d_j - d_k)\frac{\tilde{\rho}_{jk}^{n+1} + \tilde{\rho}_{jk}^n}{2},$$

soit

$$\tilde{\rho}_{jk}^{n+1} = \frac{1 - i\frac{\delta t}{2}(d_j - d_k)}{1 + i\frac{\delta t}{2}(d_j - d_k)}\tilde{\rho}_{jk}^n = \frac{1 - \frac{(\delta t)^2}{4}(d_j - d_k)^2 - i\delta t(d_j - d_k)}{1 + \frac{(\delta t)^2}{4}(d_j - d_k)^2}\tilde{\rho}_{jk}^n.$$

Comme les $d_j$ sont réels (en tant que valeurs propres de $H$, matrice hermitienne), ceci prouve au passage que la suite $(\rho^n)$ est bien définie. D'autre part, $\tilde{\rho}_{jk}^n = e^{-in\alpha_{jk}}\tilde{\rho}_{jk}^0$ avec $\tan\alpha_{jk} = \dfrac{\delta t(d_j - d_k)}{1 - \frac{(\delta t)^2}{4}(d_j - d_k)^2}$. On choisit $\delta t$ suffisamment petit pour que tous les dénominateurs soient strictement positifs, auquel cas $\alpha_{jk} \in \left]-\dfrac{\pi}{2}, \dfrac{\pi}{2}\right[$. Sous cette forme, il est clair que les matrices $\tilde{\rho}^n$ sont hermitiennes si et seulement si $\tilde{\rho}^0$ l'est, ce qui est le cas. En ce qui concerne la positivité, on peut appliquer la même démonstration que dans le cas continu si l'on parvient à écrire les $\alpha_{jk}$ sous la forme $\alpha_{jk} = a_j - a_k$. En dimension 2 ceci est possible car on peut prendre $a_1 = \alpha_{12}$ et $a_2 = 0$ : par conséquent, les matrices $\rho^n$ restent positives. En revanche, il est clair que le même raisonnement n'est plus possible pour $N \geqslant 3$ car la propriété $\alpha_{jk} = \alpha_{jl} + \alpha_{lk}$ n'est plus vérifiée. On peut alors construire des vecteurs qui mettent en défaut la positivité de $\rho^n$.

**Commentaire.** L'équation de Bloch donnée dans cet exercice correspond à un cas idéal. Dans la réalité, la complexité du système physique du point de vue statistique, les interactions diverses, ... obligent le modélisateur à ajouter des termes supplémentaires et phénoménologiques à cette équation. Il devient alors difficile de définir un bon modèle qui vérifie, par exemple, la propriété fondamentale de matrice hermitienne positive. Pour une introduction à la physique de ces problèmes nous proposons le livre de J.R. Lalanne, A. Ducasse et S. Kielich, *Interaction laser molécule – Physique du laser et optique non linéaire moléculaire*, Polytechnica (1994).

Cet exercice traite également de l'approximation numérique de ces équations par une méthode de différences finies (cf. le problème). Dans le choix de la méthode, il est important de ne pas réduire à néant les efforts du modélisateur en ne conservant pas les propriétés physiques. C'est pourtant le cas de la méthode (schéma centré) étudiée ici ! Pour l'équation proposée dans cet exercice, on peut définir un schéma qui conserve la positivité en posant, par exemple,

$$\rho^{n+1} = [I + \frac{i\delta t}{2}H]^{-1}[I - \frac{i\delta t}{2}H]\rho^n[I + \frac{i\delta t}{2}H][I - \frac{i\delta t}{2}H]^{-1},$$

ce qui s'écrit simplement

$$\tilde{\rho}_{jk}^{n+1} = \frac{\left(1 + i\frac{\delta t}{2}d_k\right)\left(1 - i\frac{\delta t}{2}d_j\right)}{\left(1 - i\frac{\delta t}{2}d_k\right)\left(1 + i\frac{\delta t}{2}d_j\right)}\tilde{\rho}_{jk}^n$$

dans une base orthonormée qui diagonalise $H$.

---

## Corrigé 4 *(explosion de la chaleur)*

1) La solution générale de l'équation différentielle est de la forme

$$\psi(x) = A\sin(\sqrt{\lambda}x) + B\cos(\sqrt{\lambda}x).$$

La nullité en 0 impose que $B = 0$ et celle en $\pi$ que $\sqrt{\lambda} \in \mathbb{N}$. Pour que $\psi$ reste positive, il faut qu'il n'y ait qu'une demi-période de sinus (d'où $\lambda = 1$) et que $A > 0$. Finalement, la condition $\int_0^\pi \psi(x)dx = 1$ donne $A = \frac{1}{2}$ et donc $\psi(x) = \frac{1}{2}\sin(x)$.

2-a) La quantité $f(t) = \int_0^\pi u(x,t)\psi(x)dx$ est positive pour tout $t \in [0, T(\phi)[$ et on peut dériver par rapport à $t$ sous le signe somme puisque les fonctions $(x,t) \mapsto u(x,t)\psi(x)$ et $(x,t) \mapsto \frac{\partial u}{\partial t}(x,t)\psi(x)$ sont continues sur $[0,\pi] \times$

$[0, T(\phi)[$. Ainsi,

$$f'(t) = \int_0^\pi \frac{\partial u}{\partial t}(x,t)\psi(x)dx.$$

En intégrant deux fois par parties, puis en utilisant les diverses hypothèses de l'énoncé, on obtient

$$
\begin{aligned}
f'(t) &= \int_0^\pi \left[\frac{\partial^2 u}{\partial x^2}(x,t) + g(u(x,t))\right]\psi(x)dx \\
&= \int_0^\pi u(x,t)\psi''(x)dx + \int_0^\pi g(u(x,t))\psi(x)dx \\
&= -\lambda f(t) + \int_0^\pi g(u(x,t))\psi(x)dx \\
&\geqslant -(\lambda + \beta)f(t) + \alpha \int_0^\pi (u(x,t))^{1+\varepsilon}\psi(x)dx.
\end{aligned}
$$

Appliquons l'inégalité de Hölder avec $F(x) = u(x,t)\psi(x)^{\frac{1}{1+\varepsilon}}$, $G(x) = \psi(x)^{\frac{\varepsilon}{1+\varepsilon}}$, $p = 1 + \varepsilon$ et $q = \frac{1+\varepsilon}{\varepsilon}$. On obtient

$$
\begin{aligned}
f(t) &\leqslant \left(\int_0^\pi u(x,t)^{1+\varepsilon}\psi(x)dx\right)^{\frac{1}{1+\varepsilon}}\left(\int_0^\pi \psi(x)dx\right)^{\frac{\varepsilon}{1+\varepsilon}} \\
&\leqslant \left(\int_0^\pi u(x,t)^{1+\varepsilon}\psi(x)dx\right)^{\frac{1}{1+\varepsilon}},
\end{aligned}
$$

donc $f'(t) \geqslant f(t)\left[-(\lambda + \beta) + \alpha f(t)^\varepsilon\right]$ pour tout $t \in [0, T(\phi)[$.

2-b) On pose

$$T = \sup\left\{t \in ]0, T(\phi)[ \;/\; f'(t) > 0 \text{ sur } ]0, t[\right\} > 0.$$

Si $T < T(\phi)$, alors on a $f'(T) = 0$ et $f(T) > f(0)$, ce qui contredit le résultat de la question précédente.

Ainsi $T = T(\phi)$ et $f'(t) > 0$ sur $[0, T(\phi)[$. L'hypothèse $f(0)^\varepsilon \geqslant \dfrac{\lambda + \beta}{\alpha}$ montre alors l'existence d'un réel $\delta > 0$ tel que $(\alpha - \delta)f(0)^\varepsilon = \lambda + \beta$, et l'on a

$$
\begin{aligned}
f'(t) &\geqslant \delta f(t)^{1+\varepsilon} + f(t)\left[-(\lambda + \beta) + (\alpha - \delta)f(t)^\varepsilon\right] \\
&\geqslant \delta f(t)^{1+\varepsilon} + f(t)\left[-(\lambda + \beta) + (\alpha - \delta)f(0)^\varepsilon\right] \\
&\geqslant \delta f(t)^{1+\varepsilon}.
\end{aligned}
$$

Ceci donne $-\left[\dfrac{1}{\varepsilon}f(t)^{-\varepsilon}\right]' \geqslant \delta$, d'où en intégrant,

$$\forall t \in ]0, T(\phi)[, \qquad 0 \leqslant \frac{1}{\varepsilon}f(t)^{-\varepsilon} - \delta t \leqslant \frac{1}{\varepsilon}f(0)^{-\varepsilon} - \delta t.$$

On en déduit que $T(\phi) \leqslant \dfrac{1}{\delta\varepsilon} f(0)^{-\varepsilon}$. Ainsi, aucune solution du problème ne peut exister pour tout temps.

**Commentaire.** La démonstration ci-dessus ne donne pas le temps d'existence de la solution maximale de l'équation différentielle proposée. Elle ne donne qu'une majoration de ce temps d'explosion et entre autres ne permet pas de comprendre le mécanisme d'explosion. L'introduction d'une quantité qui permet d'aboutir à une contradiction (ici la fonction $f$) est en général un problème difficile. L'exemple présenté ici est adapté d'un résultat issu du livre de T. Cazenave et A. Haraux, *Introduction aux problèmes d'évolution semi-linéaires*, Ellipses (1990).

---

*Corrigé 5 (moyennes itérées et équation de la chaleur)*

1) On a $\rho(u) = O(u^3 \rho(u))$ quand $u$ tend vers $+\infty$, donc comme $\rho$ est positive et paire, on peut en déduire que $\int_{-\infty}^{+\infty} \rho(u)du$ existe. La fonction $f$ étant bornée puisque continue et périodique, ceci implique donc que $T_\lambda f$ est bien défini. D'autre part, pour tout réel $u$ la fonction $x \mapsto f(x-u)\rho(\frac{u}{\sqrt{\lambda}})$ est continue, et après le changement de variable $\omega = \frac{u}{\sqrt{\lambda}}$, on obtient

$$|T_\lambda f(x)| \leqslant \int_{-\infty}^{+\infty} \left| f(x - \omega\sqrt{\lambda}) \right| \rho(\omega)d\omega \leqslant \|f\|_\infty \int_{-\infty}^{+\infty} \rho(\omega)d\omega,$$

donc le théorème de continuité sous convergence dominée nous permet d'affirmer que $T_\lambda f$ est continue (et clairement $K$-périodique).

2) Fixons $x \in \mathbb{R}$ et posons

$$A(\omega) = g(x - \omega\sqrt{\lambda}) - g(x) + \omega\sqrt{\lambda}g'(x) - \frac{\omega^2}{2}\lambda g''(x).$$

Par un développement de Taylor-Lagrange à l'ordre 3, on obtient, pour tout réel $\omega$ et pour tout $\lambda > 0$,

$$-\frac{\lambda^{3/2}}{6}|\omega|^3\|g'''\|_\infty \leqslant A(\omega) \leqslant \frac{\lambda^{3/2}}{6}|\omega|^3\|g'''\|_\infty.$$

En multipliant cette inégalité par $\rho(\omega)$ et en intégrant sur $\mathbb{R}$, on obtient

$$\left| \int_{-\infty}^{+\infty} A(\omega)\rho(\omega)d\omega \right| \leqslant \frac{\lambda^{3/2}}{6}\|g'''\|_\infty \int_{-\infty}^{+\infty} |\omega|^3 \rho(\omega)d\omega,$$

soit

$$\forall \lambda, \qquad \left| T_\lambda g(x) - g(x) - c_2 \lambda g''(x) \right| \leqslant \frac{c_3}{3} \lambda^{3/2} \|g'''\|_\infty,$$

en posant $c_i = \int_{-\infty}^{+\infty} \omega^i \rho(\omega) d\omega$ et en remarquant que $c_1 = 0$ par parité et que $c_0 = 1$ par hypothèse. Cette inégalité est valable pour tout $x$ puisque les constantes $c_i$ ne dépendent que de $\rho$.

3) Soient $M > c_2$ et $\Omega = [0, K] \times [0, M]$. En utilisant la question 2 et l'équation vérifiée par $F$, on obtientpour tout $\lambda$, pour tout $x \in \mathbb{R}$ et tout $s \in [0, M]$,

$$\left| T_\lambda F(\cdot, s)(x) - F(x, s) - c_2 \lambda \frac{\partial F}{\partial t}(x, s) \right| \leqslant \frac{c_3}{3} \lambda^{3/2} \sup_\Omega \left| \frac{\partial^3 F}{\partial x^3} \right|.$$

D'autre part, un développement de Taylor-Lagrange donne, pour $\lambda$ dans $]0, 1]$ et $x$ quelconque,

$$\forall s \in [0, M - c_2], \quad \left| F(x, s + c_2 \lambda) - F(x, s) - c_2 \lambda \frac{\partial F}{\partial t}(x, s) \right| \leqslant \frac{c_2}{2} \lambda^2 \sup_\Omega \left| \frac{\partial^2 F}{\partial t^2} \right|.$$

De ces deux dernières inégalités on déduit l'existence d'une constante $C$ telle que

$$\forall \lambda \in ]0, 1], \ \forall s \in [0, M - c_2], \qquad \|T_\lambda F(\cdot, s) - F(\cdot, s + c_2 \lambda)\|_\infty \leqslant C \lambda^{3/2}.$$

On applique maintenant cette inégalité à $\lambda = t/n$ et $s = t_k := c_2 k t / n$, ce qui donne, pour tout $x$ réel et pour tout $k$ entier variant de $0$ à $n - 1$,

$$-C \left( \frac{t}{n} \right)^{\frac{3}{2}} \leqslant T_{t/n} F(\cdot, t_k)(x) - F(x, t_{k+1}) \leqslant C \left( \frac{t}{n} \right)^{\frac{3}{2}}. \qquad (1)$$

Remarquons maintenant que si $f$ et $g$ sont deux éléments de $\mathcal{C}_K$ tels que $f \leqslant g$, alors la positivité de $\rho$ entraîne que $T_\lambda f \leqslant T_\lambda g$ (l'opérateur $T_\lambda$ est monotone). D'autre part, si $g$ est constante, on a $T_\lambda g = g$ car $\int_{-\infty}^{+\infty} \rho(u) du = 1$. Ainsi, on peut composer l'inégalité (1) par $T_{t/n}$, et obtenir

$$-C \left( \frac{t}{n} \right)^{\frac{3}{2}} \leqslant T_{t/n}^2 F(\cdot, t_k)(x) - T_{t/n} F(\cdot, t_{k+1})(x) \leqslant C \left( \frac{t}{n} \right)^{\frac{3}{2}}.$$

En répétant le procédé et en sommant les inégalités obtenues, on montre alors que

$$\|T_{t/n}^n f - F(\cdot, c_2 t)\|_\infty \ \leqslant \ \sum_{k=0}^{n-1} \left\| T_{t/n}^{n-k} F(\cdot, t_k) - T_{t/n}^{n-k-1} F(\cdot, t_{k+1}) \right\|_\infty$$

$$\leqslant \ nC \left( \frac{t}{n} \right)^{\frac{3}{2}} = \frac{C t^{3/2}}{\sqrt{n}},$$

ce qui prouve bien la convergence uniforme par rapport à $x$ de $T^n_{t/n}f(x)$ vers $F(x, ct)$ quand $n$ tend vers $+\infty$, avec $c = c_2$.

**Commentaire.** On a montré dans cet exercice que sous certaines hypothèses, des convolutions itérées ont asymptotiquement le même effet que l'équation de la chaleur. Ce résultat se généralise sans difficulté en dimension $n$ : $\rho$ et $f$ sont alors des fonctions de $\mathbb{R}^n$ dans $\mathbb{R}$, et l'on remplace l'hypothèse de parité sur $\rho$ par son caractère radial ou par une hypothèse plus faible sur ses moments d'ordre 2. L'équation de la chaleur $n$-dimensionnelle s'écrit alors

$$\frac{\partial F}{\partial t} = \Delta F, \qquad \text{où} \quad \Delta F = \sum_{i=1}^{n} \frac{\partial^2 F}{\partial x_i^2} \quad \text{(laplacien de } F).$$

Le fait que $\rho$ soit positif est crucial dans la démonstration proposée, mais peut être en fait quelque peu relaxé : en utilisant la transformée de Fourier, la convergence demandée nécessite seulement l'hypothèse plus faible $\int_{-\infty}^{+\infty} u^2 \rho(u) du > 0$. Dans un même ordre d'idées, la conclusion de la question 3 reste vraie lorsque l'on suppose seulement $f$ continue ($F$ est alors continue sur son domaine et $\mathcal{C}^3$ sur l'intérieur de ce domaine), puisque d'après le théorème de Heine $f$ est alors uniformément approchée par $F(\cdot, \varepsilon)$ quand $\varepsilon$ tend vers 0. On peut aussi remarquer au passage que cette même question 3 prouve (d'une manière un peu détournée) l'unicité des solutions de l'équation de la chaleur. L'existence, quant à elle, peut se vérifier soit explicitement grâce à la formule

$$F(x, t) = \frac{1}{\sqrt{4\pi t}} \int_{-\infty}^{+\infty} f(x - u)\, e^{-u^2/4t}\, du,$$

soit implicitement en montrant la convergence des $T^n_{t/n}f$ à l'aide d'un critère de compacité (hors programme) sur des espaces fonctionnels : le théorème d'Ascoli. L'argument principal est alors l'équicontinuité des $T^n_{t/n}$, qui découle directement de la positivité de $\rho$ (en fait les $T^n_{t/n}$ sont toutes 1-lipschitziennes).

La convergence de convolutions itérées vers le noyau de la chaleur est un résultat important en traitement d'images (cas de la dimension 2 essentiellement), car il montre que l'itération de n'importe quel filtre isotrope à noyau positif sur une image a (asymptotiquement) les mêmes effets que l'équation de la chaleur. En bref, il signifie que la simplification d'une image ne peut se faire que par l'équation de la chaleur ou par des méthodes non-linéaires (pour lesquelles on a aussi des résultats de classification asymptotique du même type). Pour une référence sur le sujet, voir l'article de F. Guichard et J.-M. Morel, "Partial Differential Equations and Image Iterative Filtering", in *State of the Art in Numerical Analysis*, Oxford University Press (1997).

D'un point de vue mathématique, on peut voir ce théorème comme une version analytique d'un résultat très connu de probabilités : le théorème centrallimite. En effet, une formulation légèrement différente serait : "tout noyau isotrope positif convolé avec lui-même $n$ fois tend – à une normalisation près – vers la fonction de Gauss quand $n$ tend vers l'infini" (voir figure 1), ce qui est la formulation analytique de : "toute somme de variables aléatoires isotropes indépendantes identiquement distribuées tend – à une normalisation près – vers la loi Gaussienne" (voir n'importe quel traité élémentaire de probabilités, par exemple celui de W. Feller, *An introduction to probability theory and its applications*, vol. 1, Wiley (1968)).

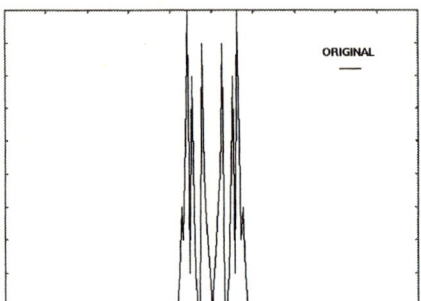 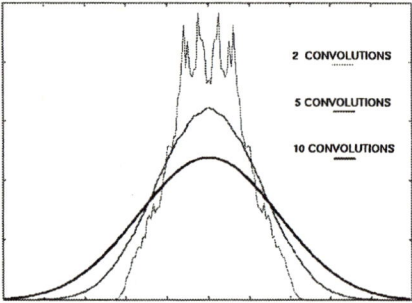

FIG. 1 –. **Convolutions itérées**. *A gauche, le graphe d'une fonction positive et paire. Lorsque l'on convole cette fonction par elle-même (à droite, convolée 2 fois, 5 fois et 10 fois), on vérifie bien que le résultat prend de plus en plus l'allure d'une Gaussienne. Cette convergence – à renormalisation près – vers la fonction de Gauss est très rapide, même lorsque la fonction initiale est irrégulière, comme c'est le cas ici. Ce procédé est d'ailleurs utilisé dans certains logiciels de calcul scientifique pour calculer effectivement la fonction de Gauss.*

---

*Corrigé 6 (solutions particulières du scale-space affine)*

1) Posons $\tilde{f}(x,t) = \lambda^{-1} f(\lambda x, g(\lambda)t)$. Si $f$ est solution de (P), alors $\tilde{f}$ vérifie clairement (i) et (iii). Quant à la condition (ii), elle s'écrit

$$\lambda^{-1} g(\lambda) \frac{\partial f}{\partial t} = \frac{3}{4} \left( \lambda \frac{\partial^2 f}{\partial x^2} \right)^{1/3} ,$$

ce qui impose le choix $g(\lambda) = \lambda^{4/3}$, qui convient.

2) La condition (ii) est une équation d'évolution d'ordre 1 en $t$ ($t$ jouant le rôle du temps) avec une donnée initiale (condition (iii)) : on peut donc penser que le problème (P) admet une unique solution. Si c'est le cas, alors, d'après la question précédente, on a

$$\forall \lambda > 0, \ \forall x, t, \qquad \lambda^{-1} f(\lambda x, \lambda^{4/3} t) = f(x, t).$$

Il est donc naturel de chercher une solution qui vérifie cette relation. En posant $y(x) = f(x, 1)$, on obtient

$$\lambda^{-1} f(\lambda x, \lambda^{4/3}) = y(x),$$

d'où l'on déduit

$$f(X, T) = T^{3/4} y(T^{-3/4} X). \tag{1}$$

La condition (ii) entraîne alors que

$$T^{-3/4} y'' = \left( T^{-1/4} y - \frac{X}{T} y' \right)^3,$$

d'où, en posant $x = T^{-3/4} X$, l'équation différentielle

$$y'' = (y - xy')^3. \tag{2}$$

Pour résoudre (2), posons $z = y - xy'$. Il vient $z' = -xy'' = -xz^3$, ce qui se résout sur $\mathbb{R}$ en

$$z(x) = \frac{\varepsilon}{\sqrt{A + x^2}},$$

avec $\varepsilon \in \{-1, 1\}$ et $A > 0$ (le cas où $z$ s'annule conduit à $z$ identiquement nulle et $y$ linéaire, ce qui ne produit pas une solution vérifiant (iii)). Il reste à résoudre $y - xy' = z$, ce qui donne $y(x) = K(x)x$ avec

$$K'(x) = \frac{-\varepsilon}{x^2 \sqrt{A + x^2}} = \left( \frac{\varepsilon}{A} \sqrt{\frac{A}{x^2} + 1} \right)',$$

d'où finalement

$$y(x) = Bx + \frac{\varepsilon}{A} \sqrt{\frac{A}{x^2} + 1},$$

soit, en utilisant la relation $x = T^{-3/4} X$ et l'équation (1),

$$f(X, T) = BX + \frac{\varepsilon}{A} \sqrt{X^2 + AT^{3/2}}.$$

La condition (iii) impose alors $B = 0$, $\varepsilon = +1$ et $A = 1$, ce qui donne la famille d'hyperboles (voir figure 2)

$$f(x, t) = \sqrt{x^2 + t^{3/2}}.$$

On vérifie alors facilement que cette fonction est bien solution de (P).

3) Le calcul ci-dessus donne une solution pour chaque condition initiale du type

$$f(x,0) = \begin{cases} \alpha x \text{ si } x \geqslant 0, \\ \beta x \text{ si } x \leqslant 0. \end{cases}$$

La solution trouvée est encore une famille d'hyperboles dont les asymptotes sont données par la condition initiale. On peut encore généraliser la méthode à des conditions initiales du type

$$f(x,0) = \begin{cases} \alpha x^a \text{ si } x \geqslant 0, \\ \beta |x|^a \text{ si } x \leqslant 0. \end{cases} \qquad \text{(avec } a > 0\text{)}$$

En procédant de la même façon, on obtient alors toujours une équation différentielle, mais qui en général ne peut plus se résoudre explicitement à l'aide des fonctions usuelles.

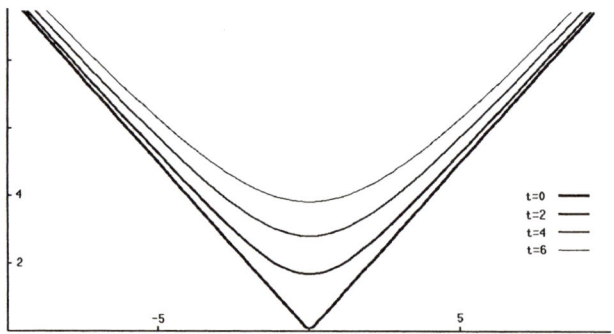

FIG. 2 –. **Une solution particulière du scale-space affine.** *Cette figure montre l'évolution par scale-space affine d'un angle droit d'équation $x \mapsto |x|$ (courbe "$t = 0$" sur la figure). La solution, une famille d'hyperboles d'équation $x \mapsto \sqrt{x^2 + t^{3/2}}$, est ici représentée pour $t = 2, 4, 6$.*

**Commentaire.** Le *scale-space affine*, découvert en 1992, s'interprète comme un lissage de courbes planes invariant sous l'action du groupe spécial affine $SL_2(\mathbb{R})$. En d'autres termes, ce lissage commute avec les transformations du plan de type $M \mapsto AM + B$, où A est une matrice $2 \times 2$ de déterminant 1 et $B$ un vecteur de $\mathbb{R}^2$. Il est décrit par l'équation d'évolution

$$\frac{\partial M}{\partial t}(s,t) = \kappa(s,t)^{1/3} \, \mathbf{N}(s,t), \qquad (3)$$

où $s \mapsto M(s,0)$ est la courbe initiale (le paramétrage étant quelconque). Cette courbe évolue en des courbes $M(\cdot,t)$, dont $\kappa(s,t)$ et $\mathbf{N}(s,t)$ représentent respectivement la courbure et le vecteur normal au point d'abscisse $s$. En remarquant que l'ajout d'une composante tangentielle dans (3) est sans influence sur les courbes $M(\cdot,t)$, mais agit seulement comme un changement de paramétrage, on montre sans difficulté que dans le cas de courbes décrites par des graphes, l'équation se transforme, à une constante près, en l'EDP (abréviation de Equation aux Dérivées Partielles) donnée au (ii) de l'énoncé. Cette transformation, si elle rend quelque peu obscure l'interprétation de l'EDP, a néanmoins l'avantage d'éviter le problème délicat du reparamétrage.

L'énoncé proposé ici montre sur un exemple comment les propriétés d'invariance de l'équation peuvent être utilisées pour construire des solutions explicites, en ramenant une équation aux dérivées partielles à une ou plusieurs équations différentielles. Cette technique est très générale et est souvent utilisée en physique, où les invariances sont généralement bien connues. Le cadre naturel pour ces problèmes est la théorie des groupes de Lie, qui exprime la compatibilité de l'action d'un groupe avec la structure différentielle sous-jacente. Dans le cas particulier du scale-space affine, on peut montrer que les coniques évoluent en des coniques de même nature (l'énoncé traite le cas des hyperboles), mais la méthode utilisée permettrait aussi de trouver d'autres "éléments propres" de l'opérateur d'évolution, sous forme de solutions (non explicites) d'équations différentielles. Pour une introduction à ces propriétés d'invariance, on peut consulter le livre de P. Olver, *Applications of Lie Groups to Differential Equations*, Springer (1986). Pour le cas du scale-space affine de courbes planes, voir l'article de G. Sapiro et A. Tannenbaum, "On affine plane curve evolution", *Journal of Functional Analysis*, vol. 119, 1994.

---

## Corrigé 7 (un opérateur monotone non-linéaire)

1) Montrons tout d'abord que $g(x) = \min_{[x-\lambda, x+\lambda]} f$ est lipschitzienne sur un voisinage de $x = 0$.

• Si $f(\lambda) > g(0)$, alors ou bien le minimum de $f$ sur $[-\lambda, \lambda]$ est atteint en un point intérieur et alors $g(x) = g(0)$ pour $x \geqslant 0$ assez petit, ou bien ce n'est pas le cas et alors $f$ restreint à l'intervalle $[-\lambda, \lambda]$ atteint un minimum strict en $-\lambda$, ce qui implique par continuité que $g(x) = f(-\lambda + x)$ pour $x \geqslant 0$ assez petit.

• Si $f(\lambda) = g(0)$, alors ou bien $f$ restreint à l'intervalle $[-\lambda, \lambda]$ admet un minimum local en $\lambda$ et alors $g(x) = f(\lambda) = g(0)$ pour $x \geqslant 0$ assez petit, ou bien ce n'est pas le cas et alors $g(x) = f(\lambda + x)$ pour $x \geqslant 0$ assez petit.

En résumé, si l'on pose $K = \sup_{[-2\lambda, 2\lambda]} |f'|$, on a

$$\exists \alpha \in ]0, \lambda] \; \forall (x,y) \in [0, \alpha]^2 \quad |g(x) - g(y)| \leqslant K|x - y|. \tag{1}$$

En changeant $x$ en $-x$, on montre de même l'existence d'un $\beta \in ]0, \lambda]$ tel que

$$\forall (x,y) \in [-\beta, 0]^2 \quad |g(x) - g(y)| \leqslant K|x - y|. \tag{2}$$

On peut alors combiner (1) et (2) pour obtenir

$$\forall (x,y) \in [-\beta,\alpha]^2 \quad |g(x) - g(y)| \leqslant K|x - y|,$$

quitte à introduire le point 0 et à utiliser l'inégalité triangulaire lorsque $x$ et $y$ sont de signes opposés. Ainsi, $g$ est $K$-lipschitzienne sur un voisinage de 0, et, en changeant $f(x)$ en $f(x + x_0)$, on montre facilement que $g$ est lipschitzienne au voisinage de tout point. En raisonnant sur la fonction $-f$, on montrerait que $h(x) = \max_{[x-\lambda,x+\lambda]} f$ est aussi localement lipschitzienne, donc par combinaison linéaire $T_\lambda f$ l'est aussi.

Noter qu'il ne suffisait pas d'établir

$$\forall x_0,\ \exists C, \alpha,\ \forall x, \qquad |x - x_0| \leqslant \alpha \Rightarrow |g(x) - g(x_0)| \leqslant C\,|x - x_0|,$$

comme le prouve la fonction $x \mapsto x\sin(1/x)$, qui vérifie cette propriété mais n'est lipschitzienne sur aucun voisinage de 0.

*Remarque :* en notant $g(x) = \inf_{\alpha \in [-\lambda,\lambda]} f_\alpha(x)$, avec $f_\alpha(x) = f(x + \alpha)$, on peut montrer plus rapidement que $g$ est localement $K$-lipschitzienne sur $[-\lambda, \lambda]$ en tant que l'infimum d'une famille de fonctions $K$-lipschitziennes sur $[-\lambda, \lambda]$. Nous avons néanmoins choisi de détailler la première démonstration par souci pédagogique.

Enfin, $T_\lambda$ n'est pas nécessairement dérivable : en effet, pour $f(x) = x^2$, on a $T_\lambda f(x) = \dfrac{1}{2}(\lambda + |x|)^2$ pour tout $|x| \leqslant \lambda$, ce qui prouve que $T_\lambda f$ n'est pas dérivable en 0.

2) • Si $f'(x) \neq 0$, alors $f$ est monotone au voisinage de $x$ et donc pour $\lambda$ assez petit on a

$$T_\lambda f(x) = \frac{1}{2}\Big(f(x - \lambda) + f(x + \lambda)\Big) = f(x) + \frac{\lambda^2}{2}f''(x) + o(\lambda^2).$$

• Si $f'(x) = 0$, alors

$$f(t) = f(x) + \frac{(t - x)^2}{2}f''(x) + o\big((t - x)^2\big),$$

c'est-à-dire $\forall \varepsilon > 0,\ \exists \lambda_0 > 0, \forall \lambda \in ]0,\lambda_0], \forall t \in ]x - \lambda, x + \lambda[,$

$$f(x) + \frac{(t - x)^2}{2}f''(x) - \varepsilon\lambda^2 \leqslant f(t) \leqslant f(x) + \frac{(t - x)^2}{2}f''(x) + \varepsilon\lambda^2.$$

En remarquant que $T_\lambda(a + f) = a + T_\lambda f$ et $T_\lambda(a \cdot f) = a \cdot T_\lambda f$ pour tout réel $a$ et que $T_\lambda f \leqslant T_\lambda g$ pour toutes fonctions $f$ et $g$ telles que $f \leqslant g$, on déduit de la dernière inégalité que

$$\forall \varepsilon,\ \exists \lambda_0, \forall \lambda < \lambda_0, \quad \left| T_\lambda f(x) - f(x) - T_\lambda\left[ t \mapsto \frac{(t - x)^2}{2} \right](x)f''(x) \right| \leqslant \varepsilon\lambda^2.$$

Ceci est exactement la définition de

$$T_\lambda f(x) = f(x) + \frac{\lambda^2}{4} f''(x) + o(\lambda^2).$$

**Conclusion :** $\quad T_\lambda f(x) = f(x) + \dfrac{\lambda^2}{2(1+\delta(x))} f''(x) + o(\lambda^2)$

avec $\quad \delta(x) = \begin{cases} 0 & \text{si} \quad f'(x) \neq 0, \\ 1 & \text{si} \quad f'(x) = 0. \end{cases}$

3) On effectue un développement limité à l'ordre 2 de $a(\lambda)$ en $\lambda = 0$, et l'on identifie avec le développement limité de $T_\lambda f(x)$ obtenu précédemment :

$$f(x) + \frac{\lambda^2}{2(1+\delta(x))} f''(x) + o(\lambda^2) = a(0)f(x) + \lambda a'(0)f(x) + \frac{\lambda^2}{2} a''(0)f(x) + o(\lambda^2).$$

Si $f$ n'est pas identiquement nulle, alors $a(0) = 1$ et $a'(0) = 0$. On est alors ramené à l'équation différentielle

$$f''(x) = a''(0)(1 + \delta(x))f(x). \tag{3}$$

Si $a''(0) = 0$, alors $f$ est linéaire. Dans le cas contraire, supposons qu'un réel $x$ est une borne d'un intervalle maximal où $f'$ ne s'annule pas. On a $f'(x) = 0$, et comme $x$ est un point de discontinuité de $\delta$ et que $f''$ est continue, nécessairement $f(x) = 0$ d'après (3) et par suite $f''(x) = 0$. Mais pour une solution de (3), l'annulation de $f, f'$ et $f''$ en un point impose que $f$ soit identiquement nulle, ce qui contredit l'existence de $x$. Ainsi, soit $f'$ est identiquement nulle, soit elle ne s'annule pas sur $\mathbb{R}$. Ce dernier cas n'est possible que si $a''(0) > 0$, et l'on obtient, en posant $a''(0) = \alpha^2$,

$$f(x) = Ae^{\alpha x} + Be^{-\alpha x}.$$

La non-annulation de $f'$ impose alors $AB \leqslant 0$, et $f$ satisfait alors l'équation demandée avec $a(\lambda) = \text{ch}(\alpha\lambda)$.

**Conclusion :** les solutions sont :

i) $a(\lambda) = \text{ch}(\alpha\lambda)$ et $f(x) = Ae^{\alpha x} + Be^{-\alpha x} \qquad (AB \leqslant 0, \alpha > 0)$,

ii) $a(\lambda) = 1$ et $f(x) = Ax + B \qquad (A, B \in \mathbb{R})$,

iii) $a$ quelconque et $f = 0$.

**Commentaire.** Ce type d'étude est très courant dans l'analyse numérique d'opérateurs itérés (cf. exercice 5 pour un exemple dans le cas linéaire). On commence par étudier la régularité obtenue après application du filtre (question 1, qui prouve ici qu'un bon cadre mathématique est l'espace des fonctions localement lipschitziennes), puis on effectue un développement limité quand le paramètre du filtre tend vers 0 (question 2) afin de déterminer l'action infinitésimale du filtre et le comportement asymptotique de ses itérés. Si l'on transpose l'opérateur étudié ici à la dimension $n$, c'est-à-dire

$$T_\lambda f(x) = \frac{1}{2} \left( \min_{B(x,\lambda)} f + \max_{B(x,\lambda)} f \right),$$

où $f$ est une fonction de $\mathbb{R}^n$ dans $\mathbb{R}$ et $B(x,\lambda)$ la boule fermée de $\mathbb{R}^n$ de centre $x$ et de rayon $\lambda$, on obtient, aux points où $f$ est $C^2$ et son gradient $\nabla f$ ne s'annule pas,

$$T_\lambda f(x) = f(x) + \frac{\lambda^2}{2} D^2 f(x)\big(\nabla f(x), \nabla f(x)\big) + o(\lambda^2).$$

Ceci signifie qu'en itérant jusqu'à convergence l'opérateur $T_\lambda$ (avec des conditions de bords pour $f$), on résout numériquement l'équation aux dérivées partielles

$$D^2 f(\nabla f, \nabla f) = 0.$$

Cette dernière permet de définir des interpolants à constante de Lipschitz minimale (voir l'article de G. Aronsson, "Extension of functions satisfying Lipschitz conditions", *Arkiv för Matematik*, vol. 6, 1967, et celui de R. Jensen, "Uniqueness of Lipschitz extensions : Minimizing the sup norm of the gradient", *Archives for Rational Mechanics Analysis*, vol. 123, 1993). Elle a été utilisé récemment en traitement d'images à des fins d'interpolation et de déquantification (voir l'article de V. Caselles, J.-M. Morel et C. Sbert, "An Axiomatic Approach to Image Interpolation", *IEEE Transactions on Image Processing*, vol. 7, 1998).

---

## *Corrigé 8 (opérateurs morphologiques)*

1) Par définition du sup, on a

$$u(x) - \varepsilon \leqslant \sup\{\lambda \in \mathbb{R};\ \lambda < u(x)\} \leqslant u(x)$$

pour tout $\varepsilon > 0$, et l'on obtient le résultat souhaité en faisant tendre $\varepsilon$ vers 0.

2) • Si l'application $u$ est continue et bornée, alors $u$ est *a fortiori* majorée et $\chi_\lambda(u) = u^{-1}(]\lambda, +\infty[)$ est ouvert en tant qu'image réciproque d'un ouvert par une fonction continue. Il en va de même pour $-u$.

• Pour la réciproque, notons tout d'abord que si $u \in I$ et $-u \in I$, alors $u$ est bornée puisque $u$ et $-u$ sont majorées. D'autre part, tout ouvert $A$ peut s'écrire comme la réunion de toutes les boules ouvertes contenues dans $A$, soit

$$A = \bigcup_{i \in I} ]a_i, b_i[ = \bigcup_{i \in I} \Big(] - \infty, b_i[ \cap ]a_i, +\infty[\Big).$$

Comme $u^{-1}(A \cup B) = u^{-1}(A) \cup u^{-1}(B)$ et $u^{-1}(A \cap B) = u^{-1}(A) \cap u^{-1}(B)$, on a alors

$$
\begin{aligned}
u^{-1}(A) &= \bigcup_{i \in I} u^{-1}\left(] - \infty, b_i[\cap]a_i, +\infty[\right) \\
&= \bigcup_{i \in I} \left(u^{-1}(] - \infty, b_i[ \cap u^{-1}(]a_i, +\infty[)\right),
\end{aligned}
$$

qui est ouvert en tant que réunion quelconque d'intersections finies d'ouverts. Ainsi, $u$ est bien continue.

*Remarque :* les fonctions $u$ telles que $u^{-1}(]\lambda, +\infty[)$ (resp. $u^{-1}(] - \infty, \lambda[)$ est ouvert pour tout $\lambda$ sont appelées fonctions semi-continues inférieurement (resp. supérieurement).

3) *Unicité.* Si $T$ vérifie

$$
\forall u \in I, \ \forall \lambda \in \mathbb{R}, \qquad \chi_\lambda(T(u)) = S(\chi_\lambda(u)), \tag{1}
$$

alors, d'après la question 1, on a

$$
\forall u \in I, \ \forall x, \quad T(u)(x) = \sup\{\lambda; \ x \in S(\chi_\lambda(u))\}, \tag{2}
$$

ce qui prouve bien que $T$ est défini de manière unique.

*Existence.* On définit maintenant $T$ à partir de (2), et l'on vérifie les propriétés demandées. Tout d'abord, il faut prouver que $T$ est bien défini. Les $\chi_\lambda(u)$ sont bien ouverts, et comme $(\chi_{-i}(u))$ est une suite croissante de réunion $\mathbb{R}^n$, on a l'existence d'un $\lambda = -i$ tel que $x \in S(\chi_\lambda(u))$. D'autre part, $u$ étant majorée, on a $S(\chi_\lambda(u)) = \chi_\lambda(u) = \emptyset$ pour $\lambda$ assez grand, donc le sup est bien pris sur un ensemble majoré. Enfin, si l'on montre (1), on aura aussi prouvé que $T(I) \subset I$ puisque $S(\Omega) \subset \Omega$.

L'application $S$ est croissante (pour l'inclusion), en effet si $A \subset B$, alors $S(B) = S(A \cup B) = S(A) \cup S(B) \supset S(A)$ (on prend pour cela $A_0 = A$ et $A_1 = A_2 = ... = B$).

• Soit maintenant $x \in \chi_\lambda(T(u))$, alors $T(u)(x) > \lambda$ et pour $\lambda_0 \in ]\lambda, T(u)(x)[$ on a $x \in S(\chi_{\lambda_0}(u))$ d'après (2). Comme $\chi_{\lambda_0}(u) \subset \chi_\lambda(u)$ et que $S$ est croissante, on a donc $x \in S(\chi_\lambda(u))$.

• Réciproquement, remarquons que

$$
\chi_\lambda(u) = \bigcup_{i=1}^\infty \chi_{\lambda + \frac{1}{i}}(u) \ \Rightarrow \ S(\chi_\lambda(u)) = S\left(\bigcup_{i=1}^\infty \chi_{\lambda + \frac{1}{i}}(u)\right) = \bigcup_{i=1}^\infty S(\chi_{\lambda + \frac{1}{i}}(u))
$$

d'après l'hypothèse sur $S$, puisque la réunion est croissante. Ainsi, si $x$ appartient à $S(\chi_\lambda(u))$, il existe un entier $i > 0$ tel que $x \in S(\chi_{\lambda + 1/i}(u))$. On a donc $T(u)(x) \geqslant \lambda + 1/i > \lambda$, c'est-à-dire $x \in \chi_\lambda(T(u))$.

On a donc bien montré que $\chi_\lambda(T(u)) = S(\chi_\lambda(u))$ par double inclusion.

4) Notons $k = \|u - v\|_\infty$. On commence par vérifier que $T$ est croissante (car $S$ l'est). Ainsi, on déduit de l'encadrement $u(x) - k \leqslant v(x) \leqslant u(x) + k$ que $T(u - k)(x) \leqslant T(v)(x) \leqslant T(u + k)(x)$, et comme $T(u + k)(x) = T(u)(x) + k$, on a $|T(u)(x) - T(v)(x)| \leqslant k$ pour tout $x$.

5) Soit $u \in I$. Tout d'abord, il est clair que $g(u)$ est dans $I$ car $g$ est continue et majorée sur $u(\mathbb{R}^2)$. D'autre part, comme $g$ est strictement croissante, on a

$$g(u(x)) > g(\lambda) \quad \Leftrightarrow \quad u(x) > \lambda,$$

donc $\chi_\lambda(u) = \chi_{g(\lambda)}(g(u))$. Soit $\lambda \in \mathbb{R}$ :

$$
\begin{aligned}
\chi_{g(\lambda)}(g \circ T(u)) &= \chi_\lambda(T(u)) \\
&= S\chi_\lambda(u) \\
&= S\chi_{g(\lambda)}(g(u)) \\
&= \chi_{g(\lambda)}(T(g(u))),
\end{aligned}
$$

donc pour tout $\mu \in g(\mathbb{R})$,

$$\chi_\mu(g \circ T(u)) = \chi_\mu(T \circ g(u)). \tag{3}$$

De plus, si $\mu \geqslant \sup_\mathbb{R} g$, alors

$$\chi_\mu(g \circ T(u)) = \chi_\mu(T \circ g(u)) = \emptyset,$$

et de même si $\mu \leqslant \inf_\mathbb{R} g$,

$$\chi_\mu(g \circ T(u)) = \chi_\mu(T \circ g(u)) = \mathbb{R}^n$$

puisque $g$ ne peut atteindre sa borne inférieure. Par conséquent, comme $g(\mathbb{R})$ est un intervalle (d'après le théorème des valeurs intermédiaires appliqué à la fonction continue $g$), la relation (3) est vérifiée pour tout réel $\mu$, ce qui d'après la question 1 signifie que $g \circ T(u) = T \circ g(u)$.

**Commentaire.** Si l'on modélise une image en niveaux de gris par une fonction de $\mathbb{R}^2$ dans $\mathbb{R}$ ($u(x)$ est l'intensité lumineuse reçue au point $x$), alors la composition à gauche $u \mapsto g(u)$ s'interprète comme un changement de contraste, c'est-à-dire un changement d'étalonnage sur l'échelle des intensités. Un des points clés de la morphologie mathématique moderne est de remarquer que puisque ce type d'opérations intervient naturellement dans les étapes de formation et d'acquisition de l'image et est pratiquement sans influence sur notre système visuel (ce qui signifie que l'on est plus sensible à des contrastes relatifs qu'à des intensités absolues), il est assez légitime de s'intéresser à des opérateurs $T$ qui commutent avec ce type de transformation. Cet exercice montre que ces opérateurs sont essentiellement de nature géométrique puisqu'ils se décrivent complètement par des opérateurs $S$ agissant sur des ensembles. Un exemple élémentaire est donné par la dilatation euclidienne (cf. exercice suivant), qui peut s'écrire

$$T(u)(x) = \sup_{\|y\| \leqslant r} u(x+y) \qquad \text{ou} \qquad S(A) = \left\{ x \in \mathbb{R}^n; \ \text{dist}(x, A) \leqslant r \right\}$$

selon le point de vue considéré. Pour une référence sur le sujet, voir les ouvrages de G. Matheron, *Random Sets and Integral Geometry*, Wiley (1975), celui de J. Serra, *Image Analysis and Mathematical Morphology*, Academic Press (1982), ainsi que l'article de F. Guichard et J.-M. Morel déjà cité dans le commentaire de l'exercice 5.

---

## Corrigé 9 *(dilatation euclidienne)*

1) En passant à la borne inférieure sur $z \in C$ dans la double inégalité triangulaire

$$\text{dist}(y, z) - \text{dist}(x, y) \leqslant \text{dist}(x, z) \leqslant \text{dist}(y, z) + \text{dist}(x, y),$$

on obtient

$$\text{dist}(y, C) - \text{dist}(x, y) \leqslant \text{dist}(x, C) \leqslant \text{dist}(y, C) + \text{dist}(x, y),$$

ce qui nous assure que la fonction $x \mapsto \text{dist}(x, C)$ est 1-lipschitzienne et donc continue. Par conséquent, $C(r)$ est un fermé, qui plus est borné donc compact.

Soit $x \in \mathbb{R}^2$. La fonction $y \mapsto \text{dist}(x, y)$ est continue donc atteint sa borne inférieure sur le compact $C$, ce qui signifie qu'il existe $\pi_C(x) \in C$ tel que $\text{dist}(x, C) = \text{dist}(x, \pi_C(x))$. Notons au passage que cette projection est unique car si $\text{dist}(x, C) = \text{dist}(x, y) = \text{dist}(x, z)$ avec $(y, z) \in C^2$, alors $\frac{y+z}{2} \in C$ par convexité de $C$ et donc

$$\left\| x - \frac{y+z}{2} \right\|^2 \geqslant \frac{1}{2} \left( \|x - y\|^2 + \|x - z\|^2 \right),$$

ce qui conduit à $y = z$ après simplification. Si $(x, y) \in C(r)^2$ et $\lambda \in [0, 1]$, alors

$$
\begin{aligned}
\text{dist}\big(\lambda x + (1-\lambda)y, C\big) \ &\leqslant \ \text{dist}\big(\lambda x + (1-\lambda)y \, , \, \lambda \pi_C(x) + (1-\lambda)\pi_C(y)\big) \\
&\leqslant \ \lambda \|x - \pi_C(x)\| + (1-\lambda)\|y - \pi_C(y)\| \\
&\leqslant \ r,
\end{aligned}
$$

donc $C(r)$ est convexe. Posons maintenant $D = C(r)$ et montrons la deuxième assertion $D(s) = C(r + s)$ à l'aide d'une double inclusion.

a) Si $x \in D(s)$, alors

$$\text{dist}\big(x, \pi_C \circ \pi_D(x)\big) \leqslant \text{dist}\big(x, \pi_D(x)\big) + \text{dist}\big(\pi_D(x), \pi_C \circ \pi_D(x)\big) \leqslant s + r$$

et donc $x \in C(r + s)$.

b) Si $x \in C(r + s)$, en posant $z = \dfrac{r}{r+s}x + \dfrac{s}{r+s}\pi_C(x)$ on obtient

$$\text{dist}(z, C) \leqslant \|z - \pi_C(x)\| \leqslant \left\|\frac{r}{r+s}\big(x - \pi_C(x)\big)\right\| \leqslant r,$$

d'où $z \in D$, et de la même manière $\text{dist}(x, D) \leqslant \|x - z\| \leqslant s$ d'où $x \in D(s)$.

2) • Soit $x$ sur la frontière de $C(r)$ (que l'on notera $\partial C(r)$). Comme par définition tout voisinage de $x$ contient des points hors de $C(r)$ et $\text{dist}(\cdot, C)$ est continue, on a $\text{dist}(x, C) = r$. En écrivant $\pi_C(x) = \Gamma(t)$, on obtient

$$r^2 \leqslant \|x - \Gamma(t + h)\|^2 = r^2 - h\Gamma'(t) \cdot (x - \pi_C(x)) + o(h),$$

ce qui prouve que le produit scalaire $\Gamma'(t) \cdot (x - \pi_C(x))$ est nul, et par suite que le vecteur $x - \pi_C(x)$ est dirigé par $N(t)$. Ainsi, on a $x = \Gamma(t) - rN(t)$.

• Réciproquement, pour $t$ donné posons $x_\varepsilon = \Gamma(t) - (r + \varepsilon)N(t)$. La convexité de $C$ entraîne que $C \subset \Gamma(t) + \mathbb{R}\Gamma'(t) + \mathbb{R}^+ N(t)$, d'où l'on déduit immédiatement que $\text{dist}(x_\varepsilon, C) = r + \varepsilon$. Ainsi, puisque tout voisinage de $x_0$ contient un $x_\varepsilon$, $\varepsilon > 0$ (qui n'est pas dans $C(r)$), $x_0 = \Gamma(t) - rN(t) \in \partial C(r)$.

On a donc prouvé que la frontière de $C(r)$ est exactement décrite par l'arc $t \mapsto \Gamma(t) - rN(t)$. Notons au passage que $N(t)$ est de classe $\mathcal{C}^1$ en tant qu'orthogonal de $\dfrac{\Gamma'(t)}{\|\Gamma'(t)\|}$. Par conséquent, la frontière de $C(r)$ est aussi de classe $\mathcal{C}^1$.

3) Quitte à faire un changement de paramétrage, on peut supposer que $t$ est un paramétrage de $\Gamma$ par abscisse curviligne. Notons qu'un tel paramétrage est, comme le paramétrage initial, de classe $\mathcal{C}^2$, puisqu'il s'écrit $\Psi(s) = \Gamma(\varphi(s))$ où $\varphi$ est $\mathcal{C}^2$ en tant que solution de l'équation différentielle $\varphi'(s) = \dfrac{1}{\|\Gamma'(\varphi(s))\|}$. Rappelons alors que $\Gamma'(t) = T(t)$ et $\Gamma''(t) = \kappa(t)N(t)$, où $T(t)$ et $\kappa(t)$ sont respectivement le vecteur unitaire tangent et la courbure (positive) au point d'abscisse $t$.

Comme $\partial C(r)$ est décrite bijectivement par l'arc $t \mapsto \Theta(t) = \Gamma(t) - rN(t)$ (puisque, comme on l'a vu précédemment, la projection $\pi_C$ est unique), on a

$$\text{Per}(C(r)) = \oint \|\Theta'(t)\| dt = \oint (1 + r\kappa(t)) dt = \text{Per}(C) + r \oint \kappa(t) dt.$$

Cette dernière intégrale vaut $2\pi$ car si $\theta(t)$ mesure l'angle entre $T(t)$ et un vecteur fixe, on a $\theta'(t) = \kappa(t)$ (*on s'en convainc en dérivant la relation* $\cos \theta(t) = \langle v, T(t) \rangle$). Ainsi, on a

$$\text{Per}(C(r)) = \text{Per}(C) + 2\pi r.$$

Pour l'aire, on écrit

$$
\begin{aligned}
\text{Aire}\big(C(r)\big) &= \frac{1}{2} \oint \det\big(\Gamma(t) - rN(t), (1 + r\kappa(t))T(t)\big)dt \\
&= \text{Aire}(C) + \frac{1}{2} \oint r \det\big(\Gamma(t), \kappa(t)T(t)\big)dt \\
&\quad - \frac{1}{2} \oint r(1 + r\kappa(t)) \det\big(N(t), T(t)\big)dt.
\end{aligned}
$$

Le déterminant étant linéaire, une intégration par partie donne

$$\oint \det\big(\Gamma(t), \kappa(t)T(t)\big)dt = - \oint \det\big(\Gamma'(t), -N(t)\big)dt = \oint dt,$$

d'où
$$\text{Aire}\big(C(r)\big) = \text{Aire}(C) + r \oint dt + \frac{r^2}{2} \oint \kappa(t)dt.$$

La première intégrale représente le périmètre de $C$ (car $t$ est une abscisse curviligne), et la deuxième vaut $2\pi$. En conclusion, on a donc montré que

$$\text{Aire}\big(C(r)\big) = \text{Aire}(C) + r\text{Per}(C) + \pi r^2.$$

**Commentaire.** La dilatation est l'un des opérateurs les plus simples en morphologie mathématique. Ici, on a considéré le cas particulier de la dilatation d'un convexe par un disque, mais on peut définir en toute généralité la dilatation de $A$ par $B$ comme l'ensemble

$$A \oplus B = \Big\{a + b; \ a \in A, \ b \in B\Big\},$$

aussi appelée addition de Minkowski de $A$ et $B$. La propriété de semi-groupe[1] montrée à la question 1 est assez naturelle si l'on remarque que $\oplus$ est associative et que $D(0,r) \oplus D(0,s) = D(0,r+s)$, où $D(0,r)$ désigne le disque de rayon $r$ centré en 0. Cette propriété est illustrée sur la figure 3.

La question 2 montre que ce semi-groupe est en fait décrit par l'équation aux dérivées partielles $\frac{\partial \Gamma}{\partial r} = -N$, au sens où la frontière du dilaté de $C$ est obtenue en résolvant cette équation aux dérivées partielles entre $r = 0$ (condition initiale) et $r$, le paramètre de la dilatation. Dans la question 3, on montre le théorème de Steiner (relation entre la mesure d'un ensemble et

---

1. Un semi-groupe (ou monoïde) est un ensemble $E$ muni d'une loi $\oplus$ associative et possédant un élément neutre (si de plus chaque élément est inversible, c'est un groupe).

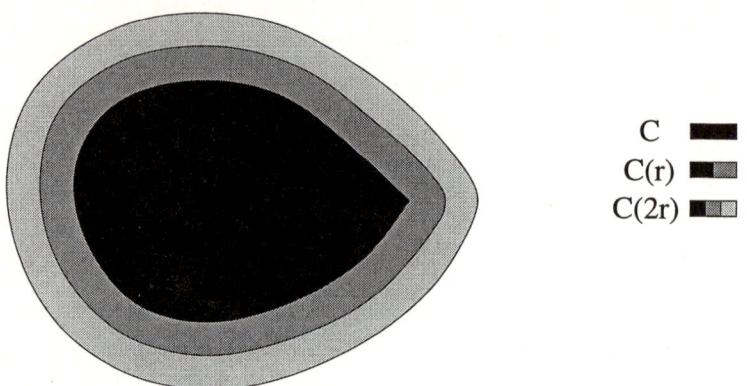

FIG. 3 –. **Dilatations euclidiennes d'un convexe.** *Sur cette figure, on a représenté deux dilatations successives d'un convexe du plan. On vérifie au passage la propriété de semi-groupe : deux dilatations de même rayon sont équivalentes à une dilatation de rayon double.*

celle de son dilaté, qui se généralise en dimension $n$) d'une manière explicite. On pourrait d'ailleurs déduire la relation $\mathrm{Per}(C(r)) = \mathrm{Per}(C) + 2\pi r$ de celle obtenue sur l'aire en remarquant que $\mathrm{Per}(C(r))$ est le coefficient de $s$ dans le développement de $\mathrm{Aire}(C(r + s))$. La dilatation et son opérateur dual[2], l'érosion euclidienne définie par

$$A \ominus B = \{x \in A;\ \forall b \in B,\ x - b \in A\},$$

ont été utilisés (ainsi que d'autres opérateurs morphologiques plus complexes) à partir des années 1970 en traitement d'images, notamment pour l'analyse d'échantillons rocheux (granulométrie). On pourra consulter à ce sujet les mêmes références que pour l'exercice 8.

---

## *Corrigé 10 (érosion affine)*

1) Remarquons tout d'abord que puisque $f$ est convexe, la fonction affine passant par les points $(x - \delta, f(x - \delta))$ et $(x + \delta, f(x + \delta))$ est supérieure à $f$ sur le domaine $[x - \delta, x + \delta]$. Par conséquent, l'aire de la région bornée délimitée par cette fonction et $f$ vaut

$$A(\delta) = 2\delta \frac{f(x + \delta) + f(x - \delta)}{2} - \int_{x - \delta}^{x + \delta} f(y)dy,$$

ou encore

---

2. au sens du passage au complémentaire : $A \ominus B = {}^{\complement}({}^{\complement}A \oplus B)$.

$$A(\delta) = \delta[f(x+\delta) + f(x-\delta)] - F(x+\delta) + F(x-\delta) \qquad (1)$$

en posant $F(x) = \int_0^x f(y)dy$. En dérivant la relation (1), on obtient

$$A'(\delta) = \delta(f'(x+\delta) - f'(x-\delta)) = 2\delta^2 f''(\varepsilon) > 0,$$

où $\varepsilon \in [x-\delta, x+\delta]$ provient du théorème des accroissements finis. Ainsi, $A$ est (i) continue, (ii) strictement croissante sur $]0, +\infty[$, et (iii) nulle en $\delta = 0$. Pour pouvoir appliquer le théorème des valeurs intermédiaires, il reste à prouver que (iv) $A$ tend vers $+\infty$ quand $\delta$ tend vers $+\infty$. Pour cela, on peut soit utiliser un argument géométrique, soit remarquer que

$$A''(\delta) = f'(x+\delta) - f'(x-\delta) + \delta(f''(x+\delta) + f''(x-\delta)) > 0,$$

ce qui implique $A(\delta) \geqslant A(1) + c(\delta - 1)$ pour $\delta$ quelconque avec $c = A'(1) > 0$. Les propriétés (i), (ii), (iii) et (iv) nous assurent alors de l'existence et l'unicité du $\delta = \Delta_\lambda(x)$ cherché.

Il reste à prouver que $\Delta_\lambda$ est de classe $\mathcal{C}^2$. Nous allons voir que c'est une conséquence directe du théorème des fonctions implicites. Fixons $x_0 \in \mathbb{R}$. La fonction

$$G : (x, \delta) \mapsto \delta[f(x+\delta) + f(x-\delta)] - F(x+\delta) + F(x-\delta) - \lambda$$

est de classe $\mathcal{C}^2$ sur $\mathbb{R}^2$, vérifie $G(x_0, \Delta_\lambda(x_0)) = 0$ et sa dérivée partielle par rapport à $\delta$ ne s'annule pas : par conséquent, l'équation $G(x, \delta(x)) = 0$ définit localement (i.e. sur un voisinage de $x_0$) $\delta$ fonction de $x$, de classe $\mathcal{C}^2$, telle que $\delta(x_0) = \Delta_\lambda(x_0)$, et d'après l'unicité montrée précédemment cette fonction ne peut être que $\Delta_\lambda$. Par conséquent, $\Delta_\lambda$ est de classe $\mathcal{C}^2$ au voisinage de tout point.

2) Nous allons d'abord effectuer les développements limités en supposant $f$ de classe $\mathcal{C}^4$ (le cas $\mathcal{C}^2$ est plus simple puisqu'il s'obtient en remplaçant les $O()$ par des $o()$ du dernier terme). Un développement limité de (1) par rapport à $\delta$ donne

$$\begin{aligned} A(\delta) &= \delta\left(2f(x) + 2\frac{\delta^2}{2}f''(x) + O(\delta^4)\right) - \left(2\delta F'(x) + 2\frac{\delta^3}{6}F'''(x) + O(\delta^5)\right) \\ &= \frac{2\delta^3}{3}f''(x) + O(\delta^5), \end{aligned}$$

d'où l'on déduit que

$$\lambda \sim \frac{2\Delta_\lambda(x)^3}{3}f''(x) \quad \text{quand} \quad \lambda \to 0.$$

En posant $C = (3/2)^{2/3}$, on a alors

$$\begin{aligned}
\Delta_\lambda(x)^2 f''(x)^{2/3} &= C(\lambda + O(\Delta_\lambda(x)^5))^{2/3} \\
&= C(\lambda + O(\lambda^{5/3}))^{2/3} \\
&= C\lambda^{2/3}(1 + O(\lambda^{2/3}))^{2/3} \\
&= C\lambda^{2/3} + O(\lambda^{4/3}).
\end{aligned}$$

Ainsi,

$$\begin{aligned}
T_\lambda f(x) &= D(x, \Delta_\lambda(x))(x) = \frac{1}{2}\Big(f(x + \Delta_\lambda(x)) + f(x - \Delta_\lambda(x))\Big) \\
&= f(x) + \frac{\Delta_\lambda(x)^2}{2} f''(x) + O(\Delta_\lambda(x)^4)
\end{aligned}$$

et finalement $T_\lambda f(x) = f(x) + \dfrac{C}{2}\lambda^{2/3} f''(x)^{1/3} + O(\lambda^{4/3})$.

Si $f$ est seulement de classe $\mathcal{C}^2$, le même calcul donne

$$A(\delta) = \frac{2\delta^3}{3} f''(x) + o(\delta^3), \quad \Delta_\lambda(x)^2 f''(x)^{2/3} = C\lambda^{2/3} + o(\lambda^{2/3}),$$

$$\text{et} \quad T_\lambda f(x) = f(x) + \frac{C}{2}\lambda^{2/3} f''(x)^{1/3} + o(\lambda^{2/3}).$$

3) Les fonctions $x \mapsto x + \Delta_\lambda(x)$ et $x \mapsto x - \Delta_\lambda(x)$ sont dérivables, et la fonction $(x, t) \mapsto D(x, \Delta_\lambda(x))(t)$ et sa dérivée partielle par rapport à $x$ sont continues sur $\mathbb{R}^2$. Par conséquent, on peut appliquer le théorème de dérivation sous le signe somme à la relation

$$\lambda = \int_{x - \Delta_\lambda(x)}^{x + \Delta_\lambda(x)} [D(x, \Delta_\lambda(x))(t) - f(t)]\, dt$$

et obtenir

$$\begin{aligned}
0 = \quad & \frac{d}{dx}\Big(x + \Delta_\lambda(x)\Big) \cdot \Big[D(x, \Delta_\lambda(x))(x + \Delta_\lambda(x)) - f(x + \Delta_\lambda(x))\Big] \\
- \quad & \frac{d}{dx}\Big(x - \Delta_\lambda(x)\Big) \cdot \Big[D(x, \Delta_\lambda(x))(x - \Delta_\lambda(x)) - f(x - \Delta_\lambda(x))\Big] \\
+ \quad & \int_{x - \Delta_\lambda(x)}^{x + \Delta_\lambda(x)} \frac{d}{dx}\Big(D(x, \Delta_\lambda(x))\Big)(t)\, dt.
\end{aligned}$$

Les deux premiers termes sont nuls par définition de $D$, et par conséquent la fonction

$$B(t) = \frac{d}{dx}\Big(D(x, \Delta_\lambda(x))\Big)(t)$$

est d'intégrale nulle sur le segment $I = [x - \Delta_\lambda(x), x + \Delta_\lambda(x)]$. Mais comme $B(t)$ est une fonction affine de $t$ (puisque c'est le cas de $D(x, \delta)(t)$), et qu'elle n'est pas constante (ce que nous prouverons un peu plus tard), elle s'annule en un seul point, au milieu de l'intervalle, c'est-à-dire en $t = x$. Autrement dit, pour tous réels $x$ et $t$, on a

$$\frac{d}{dx}\Big(D(x, \Delta_\lambda(x))\Big)(t) = 0 \quad \Longleftrightarrow \quad t = x.$$

Ceci signifie aussi que pour tout $s$, l'application $x \mapsto D(x, \Delta_\lambda(x))(s)$ a un unique point critique en $x = s$. Étant donné que $D(x, \Delta_\lambda(x))(s) \leqslant f(s)$ quand $x$ tend vers $\pm\infty$ et que $D(s, \Delta_\lambda(s))(s) \geqslant f(s)$, ce point critique est un maximum absolu et on peut donc affirmer que

$$\sup_{x \in \mathbb{R}} D(x, \Delta_\lambda(x))(s) = D(s, \Delta_\lambda(s))(s),$$

où le terme de droite vaut par définition $T_\lambda f(s)$. Une conséquence de cette égalité est que la fonction $T_\lambda f$ est convexe en tant que sup d'un ensemble de fonctions affines. D'un point de vue géométrique, on a prouvé que l'enveloppe d'une famille de cordes délimitant des régions d'aire constante est donnée par les milieux de ces cordes (ce dont on peut se convaincre assez facilement sur un dessin).

Pour que la démonstration précédente soit complète, il nous faut maintenant prouver que la fonction affine $B$ n'est pas identiquement nulle. On a $D(x, \Delta_\lambda(x))(t) = a(x)t + b(x)$, avec

$$a(x) \;=\; \frac{f(x + \Delta_\lambda(x)) - f(x - \Delta_\lambda(x))}{2\Delta_\lambda(x)}$$

$$\text{et} \quad b(x) \;=\; -a(x)(x - \Delta_\lambda(x)) + f(x - \Delta_\lambda(x)).$$

Par conséquent, $B(t) = a'(x)t + b'(x)$. Fixons $x \in \mathbb{R}$, et supposons $a'(x) = 0$. Comme on a vu précédemment que $B$ est d'intégrale nulle sur un segment d'intérieur non vide, nécessairement on doit avoir $b'(x) = 0$, soit

$$\Big(-a(x) + f'(x - \Delta_\lambda(x))\Big)\Big(1 - \Delta_\lambda'(x)\Big) = 0. \tag{2}$$

Par stricte convexité de $f$, on a, pour tout $\delta > 0$,

$$f'(x - \delta) < \frac{f(x + \delta) - f(x - \delta)}{2\delta} < f'(x + \delta), \tag{3}$$

donc $-a(x) + f'(x - \Delta_\lambda(x)) \neq 0$. D'autre part, en reprenant les notations de la question 1,

$$\Delta_\lambda'(x) = -\frac{\frac{\partial G}{\partial x}}{\frac{\partial G}{\partial \delta}}(x, \Delta_\lambda(x))$$

avec $\dfrac{\partial G}{\partial x}(x, \delta) = \delta\big(f'(x + \delta) + f'(x - \delta)\big) - \big(f(x + \delta) - f(x - \delta)\big)$, donc d'après l'inégalité (3),

$$\frac{\partial G}{\partial x}(x, \delta) > \delta\big(f'(x - \delta) - f'(x + \delta)\big) = -\frac{\partial G}{\partial \delta}(x, \delta),$$

ce qui implique $\Delta'_\lambda(x) < 1$. Ceci contredit (2), et l'hypothèse $a'(x) = 0$ est donc absurde. Ainsi, $a'(x) \neq 0$ et donc $B$ n'est pas identiquement nulle.

4) Soit $\mathcal{A}_\lambda(f)$ l'ensemble des fonctions affines dont le graphe, avec celui de $f$, délimite une région bornée d'aire $\lambda$. D'après la question précédente, on a

$$T_\lambda f(s) = \sup_{d \in \mathcal{A}_\lambda(f)} d(s).$$

D'autre part, si $d \in \mathcal{A}_\lambda(f)$, alors, pour un certain $\mu \geqslant \lambda$, on a aussi $d \in \mathcal{A}_\mu(g)$, et, en utilisant le théorème des valeurs intermédiaires comme à la question 1, on peut montrer facilement qu'il existe une constante $y(d)$ positive ou nulle telle que la fonction $x \mapsto d(x) - y(d)$ soit dans $\mathcal{A}_\lambda(g)$. Par conséquent, pour tout $s$ réel, on a

$$T_\lambda f(s) = \sup_{d \in \mathcal{A}_\lambda(f)} d(s) = \sup_{d \in \mathcal{A}_\lambda(g)} (d(s) + y(d)) \geqslant \sup_{d \in \mathcal{A}_\lambda(g)} d(s) = T_\lambda g(s),$$

et $T_\lambda$ est bien un opérateur monotone.

**Commentaire.** L'opérateur $T_\lambda$ étudié ici est appelé *érosion affine*. Le terme "érosion" vient du fait que $T_\lambda f$ est défini en érodant l'épigraphe de $f$ de ces parties d'aire $\lambda$ délimitées par une droite quelconque et le graphe de $f$, comme le prouve la question 3. La question 2, quant à elle, suggère que l'itération de $T_\lambda$ permet de résoudre numériquement l'équation aux dérivées partielles

$$\frac{\partial f}{\partial t} = \left(\frac{\partial^2 f}{\partial x^2}\right)^{1/3},$$

ce qui correspond exactement au *scale-space affine* déjà évoqué dans l'exercice 6. Ainsi, lorsqu'on généralise le cadre des graphes de fonctions convexes envisagé ici à des courbes de Jordan quelconques (une courbe de Jordan est une courbe plane homéomorphe à un cercle), on peut montrer que l'itération alternée de $T_\lambda$ et de son opérateur dual permettent de résoudre l'équation d'évolution

$$\frac{\partial M}{\partial t}(s, t) = \kappa(s, t)^{1/3}\, \mathbf{N}(s, t),$$

où $s \mapsto M(s, 0)$ est la courbe initiale, et $\kappa(s, t)$ et $\mathbf{N}(s, t)$ représentent respectivement la courbure et le vecteur normal à la courbe $s \mapsto M(s, t)$. Les principaux avantages d'une telle méthode résident dans sa rapidité, sa simplicité (son implémentation ne nécessite que de calculer des aires et des points milieux), et sa stabilité, garantie par la propriété de monotonie montrée dans la question 4. Un exemple d'utilisation de cet algorithme est donné sur la figure 4. Pour une référence sur le sujet, voir l'article de L. Moisan, "Af-

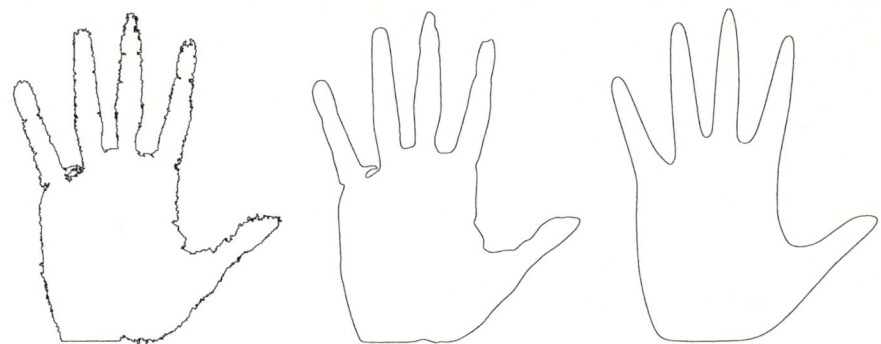

FIG. 4 –. **Lissage d'une courbe plane par érosions/dilatations affines.** *En itérant une généralisation de l'opérateur étudié dans cet exercice, on peut calculer numériquement le lissage d'une courbe opéré par le scale-space affine (mouvement par courbure affine-invariant). A partir d'une courbe initiale (à gauche), on peut générer des versions plus ou moins régularisées en fonction de l'échelle d'évolution choisie (petite échelle pour la courbe du milieu, plus grande échelle pour celle de droite).*

fine plane curve evolution: a fully consistent scheme", *IEEE Transactions on Image Processing*, vol. 7, 1998.

## Corrigé 11 *(autour de la courbure affine)*

1) Puisque l'arc est birégulier et $\mathcal{C}^3$, il existe un paramétrage $\varphi : I \to \mathbb{R}^2$ de classe $\mathcal{C}^3$ tel que $\varphi'$ ne s'annule pas et $(\varphi'(s), \varphi''(s))$ est libre pour tout $s \in I$. Posons $M(p(s)) = \varphi(s)$, et cherchons des conditions nécessaires sur $p$. En dérivant, on obtient

$$p'(s)M'(p(s)) = \varphi'(s) \quad \text{et} \quad p''(s)M'(p(s)) + p'^2(s)M''(p(s)) = \varphi''(s),$$

donc $\quad \det(\varphi', \varphi'') = p'p'' \det(M' \circ p, M' \circ p) + p'^3 \det(M' \circ p, M'' \circ p) = p'^3.$

Réciproquement, soit $s_0 \in I$. Comme $\det(\varphi', \varphi'')$ ne s'annule pas, la fonction $p$ définie par

$$p(s) = \int_{s_0}^{s} \Big( \det(\varphi'(u), \varphi''(u)) \Big)^{1/3} \, du$$

réalise un $\mathcal{C}^2$-difféomorphisme de $I$ sur un intervalle $J$ de $\mathbb{R}$, et la fonction $t \mapsto M(t) = \varphi(p^{-1}(t))$ vérifie $\det(M'(t), M''(t)) = 1$ pour tout $t$ dans $J$.

*Remarque :* on peut aussi définir le reparamétrage dans l'autre sens. Si l'on pose $M(t) = \varphi(q(t))$, alors la condition $\det(M'(t), M''(t)) = 1$ donne

$$\forall t, \qquad q'^3(t) \det\Big(\varphi'(q(t)), \varphi''(q(t))\Big) = 1$$

après simplification et en utilisant la bilinéarité du déterminant. Cette équation différentielle peut s'écrire sous la forme

$$q' = F(q) \qquad \text{avec} \qquad F(x) = \Big(\det(\varphi'(x), \varphi''(x))\Big)^{-1/3},$$

et $F$ est de classe $\mathcal{C}^1$ (puisque le déterminant ne s'annule pas). Le théorème de Cauchy-Lipschitz permet alors d'affirmer que cette équation différentielle admet une unique solution maximale $q$ vérifiant $q(0) = s_0$. Cette solution réalise un $C^2$-difféomorphisme d'un intervalle $J$ de $\mathbb{R}$ sur un intervalle $q(J)$, et l'on vérifie alors sans difficulté que l'hypothèse $q(J) \neq I$ est absurde car elle contredit la maximalité de $q$.

2) En dérivant la relation $\det(M', M'') = 1$, on obtient, par bilinéarité du déterminant,

$$\det(M'', M'') + \det(M', M''') = 0,$$

soit, comme le premier terme est nul,

$$\det(M', M''') = 0. \tag{1}$$

Etant donné que $M'$ ne s'annule pas, ceci signifie qu'il existe une fonction $a(t)$ telle que, pour tout $t$,

$$M'''(t) = a(t)M'(t) \tag{2}$$

En dérivant une fois de plus la relation (1), on obtient alors

$$0 = \det(M'', M''')(t) + \det(M', M^{(4)})(t) = -a(t) + \det(M', M^{(4)})(t),$$

donc $a(t) = \det(M', M^{(4)})(t) = \det(N', N^{(4)})(t)$. Ainsi, d'après (2), $M$ et $N$ sont solutions de

$$X'''(t) = a(t)X'(t).$$

Les solutions de cette équation différentielle linéaire et du second ordre en $X'$ s'écrivent sous la forme

$$X(t) = X_1 + \lambda(t)X_2 + \mu(t)X_3,$$

où $\lambda'$ et $\mu'$ sont deux solutions indépendantes de l'équation différentielle scalaire $y''(t) = a(t)y(t)$. On a donc l'existence de $M_1, M_2, M_3, N_1, N_2, N_3 \in \mathbb{R}^2$ tels que

$$M(t) = M_1 + \lambda(t)M_2 + \mu(t)M_3 \quad \text{et} \quad N(t) = N_1 + \lambda(t)N_2 + \mu(t)N_3.$$

La condition $\det(M', M'') = \det(N', N'') = 1$ s'écrit alors

$$\forall t, \quad (\lambda'\mu - \lambda\mu')(t) \det(M_2, M_3) = (\lambda'\mu - \lambda\mu')(t) \det(N_2, N_3) = 1,$$

d'où $\det(M_2, M_3) = \det(N_2, N_3) \neq 0$, de sorte que la matrice $A$ qui transforme la base $(N_2, N_3)$ en la base $(M_2, M_3)$ est de déterminant 1. On obtient alors la relation attendue

$$M = AN + B$$

en posant $B = M_1 - AN_1$.

3) D'après la question 2, on a $M''' = aM'$. On résout alors cette équation différentielle et l'on obtient un point $A$ et deux vecteurs $B$ et $C$ tels que

• si $a > 0$, $M(t) = A + e^{t\sqrt{a}}B + e^{-t\sqrt{a}}C$ avec $2a^{3/2}\det(B, C) = 1$. L'arc est une branche d'hyperbole.

• si $a < 0$, $M(t) = A + \cos(t\sqrt{-a})B + \sin(t\sqrt{-a})C$ avec $a^{3/2}\det(B, C) = 1$. L'arc est une ellipse.

• si $a = 0$, $M(t) = A + tB + t^2C$ avec $2\det(B, C) = 1$. L'arc est une parabole.

Les arcs cherchés sont donc des coniques (en toute rigueur, des arcs de coniques puisqu'on n'a donné aucune condition sur le domaine de définition de $M$). Réciproquement, on vérifie facilement que toutes les coniques non dégénérées sont caractérisées par les deux conditions

$$\det(M', M'') = 1 \qquad \text{et} \qquad \det(M', M^{(4)}) = cte.$$

**Commentaire.** La géométrie différentielle affine est beaucoup moins connue que son homologue euclidienne, certainement en raison du fait que notre intuition géométrique s'exprime naturellement en terme de distances et d'angles. Cependant, elle a connu un regain d'intérêt ces dernières années en traitement d'images avec la découverte du scale-space affine (voir exercices 6 et 10). Du point de vue de la perception, le cadre affine (voire projectif) est plus naturel que le cadre euclidien, en raison du type de déformations qui surviennent lorsque l'observateur change de point de vue.

Mathématiquement, le groupe spécial affine est plus "gros" que le groupe euclidien, puisqu'il contient, outre les déplacements, des transformations linéaires non isotropes qui préservent seulement les aires. Pour définir des invariants différentiels affines, il est donc intuitivement clair qu'il faut utiliser des ordres de dérivation plus élevés que dans le cas euclidien. Par exemple, la condition de paramétrage normal (question 1) s'écrit $\det(M'(t), M''(t)) = 1$ dans le cas affine ($t$ est alors appelée abscisse affine), contre $|M'(s)| = 1$ dans le cas euclidien. Il en va de même pour la courbure affine, définie indifféremment par $\mu = \det(M', M''')$ ou $\mu = \det(M', M^{(4)})$, et qui nécessite une dérivation jusqu'à l'ordre 4 à partir d'un paramétrage quelconque (contre 2 pour la courbure euclidienne). Dans la question 2, on montre que deux arcs qui ont la même courbure affine $\mu(t)$ se déduisent l'un de l'autre par une transformation spéciale affine (et réciproquement). On retrouve exactement l'analogue du cas euclidien, où il est bien connu que deux arcs partagent la même fonction courbure $\kappa(s)$ si et seulement si ils se déduisent l'un de l'autre par un déplacement. Enfin, la question 3 étudie les "cercles" du plan affine, c'est-à-dire les arcs de courbure affine constante. On retrouve les trois types de coniques en fonction du signe de la courbure affine (hyperboles pour $\mu > 0$, ellipses pour $\mu < 0$, paraboles pour $\mu = 0$). Pour de plus amples détails sur la géométrie différentielle affine des courbes et des surfaces, on pourra consulter le traité de S. Buchin, *Affine Differential Geometry*, Gordon and Breach, Science Publishers, New York (1983).

La notion d'abscisse affine introduite dans cet exercice permet de jeter un éclairage nouveau sur le *scale-space affine* de courbes, déjà rencontré dans les exercices 6 et 10. En effet, si $M(s)$ est un arc paramétré par son abscisse affine $s$, alors un rapide calcul permet de vérifier que

$$\frac{\partial^2 M}{\partial s^2} = \kappa(s)^{1/3}\, \mathbf{N}(s) \quad \mathrm{mod}\ \mathbf{T}(s),$$

où $\kappa(s)$ et $\mathbf{N}(s)$ représentent respectivement la courbure et le vecteur normal à la courbe au point d'abscisse $s$, et la notation $\mathrm{mod}\ \mathbf{T}(s)$ signifie que l'égalité est vraie à une composante tangentielle près (sans influence dans une équation d'évolution de courbes). Ceci prouve que le *scale-space affine*, gouverné par l'équation

$$\frac{\partial M}{\partial t} = \kappa^{1/3}\, \mathbf{N},$$

peut en fait s'interpréter comme l'équation de la chaleur intrinsèque en coordonnées affines,

$$\frac{\partial M}{\partial t} = \frac{\partial^2 M}{\partial s^2}.$$

Pour plus de détails sur le sujet, voir l'article de G. Sapiro et A. Tannenbaum, "On affine plane curve evolution", *Journal of Functional Analysis*, vol. 119, 1994.

---

### Corrigé 12 (formule de la coaire en dimension 1)

Remarquons tout d'abord que comme par hypothèse $\int_{-\infty}^{+\infty} f'(x)dx$ est convergente (car absolument convergente), $f$ admet une limite en $-\infty$ et en $+\infty$ (on notera ces limites $f(-\infty)$ et $f(+\infty)$).

1) Suivons l'indication et considérons le cas où $f'^{-1}(\{0\})$ est fini. On peut alors écrire $f'^{-1}(\{0\}) = \{a_n,\ 1 \leqslant n \leqslant p\}$, avec $n \mapsto a_n$ strictement croissante, et poser $a_0 = -\infty$ et $a_{p+1} = +\infty$. On a, comme $f'$ est de signe constant sur chaque intervalle $]a_n, a_{n+1}[$,

$$\int_{-\infty}^{+\infty} |f'(x)|dx = \sum_{n=0}^{p} \int_{a_n}^{a_{n+1}} |f'(x)|dx$$

$$= \sum_{n=0}^{p} \left| \int_{a_n}^{a_{n+1}} f'(x)dx \right|$$

$$= \sum_{n=0}^{p} |f(a_{n+1}) - f(a_n)|$$

$$= \sum_{n=0}^{p} \int_{-\infty}^{+\infty} \chi_n(\lambda)\, d\lambda$$

en notant $\chi_n$ la fonction indicatrice de l'intervalle $f([a_n, a_{n+1}[)$, ce qui ne pose pas de problème car on a vu précédemment que $f(-\infty)$ et $f(+\infty)$ existent dans $\mathbb{R}$. Comme $f$ est bijective sur chaque intervalle $[a_n, a_{n+1}[$ et comme ces intervalles forment une partition de $\mathbb{R}$, on a $N(\lambda) = \sum_{n=0}^{p} \chi_n(\lambda)$, d'où, en intervertissant la somme finie et l'intégrale dans la dernière expression obtenue,

$$\int_{-\infty}^{+\infty} |f'(x)|dx = \int_{-\infty}^{+\infty} N(\lambda)\, d\lambda.$$

2) Considérons maintenant le cas où $f'^{-1}(\{0\})$ est infini. L'ensemble

$$S = \{x \in \mathbb{R},\ f'(x) \neq 0\}$$

est un ouvert de $\mathbb{R}$, donc ses composantes connexes sont des intervalles ouverts, disjoints par définition. Ainsi, il existe deux familles $(a_n)_{n \in I}$ et $(b_n)_{n \in I}$ d'éléments de $\mathbb{R} \cup \{-\infty, +\infty\}$ telles que

$$S = \bigsqcup_{n \in I} ]a_n, b_n[,$$

où le symbole $\sqcup$ désigne une réunion disjointe. Comme les intervalles $]a_n, b_n[$ sont ouverts, on peut choisir dans chacun d'eux un nombre rationnel, ce qui prouve que l'ensemble $I$ est au plus dénombrable (puisqu'on peut construire une injection de $I$ dans $\mathbb{Q}$). Mais comme $f'^{-1}(\{0\})$ est d'intérieur vide (car dans le cas contraire $N$ prendrait des valeurs infinies), nécessairement les ensembles $[a_n, b_n[_{n \in I}$ forment une partition de $\mathbb{R} \cup \{-\infty\}$. On a alors

$$f'^{-1}(\{0\}) = \left( \bigcup_{n \in I} \{a_n\} \right) - \{-\infty\},$$

ce qui implique que $I$ est infini, donc en bijection avec $\mathbb{N}$. Dans toute la suite, nous supposerons que $I = \mathbb{N}$ pour simplifier les notations. Notons que contrairement au cas fini étudié à la question 1, on ne pourra cependant pas imposer que $n \mapsto a_n$ soit croissante, car cette suite peut avoir plusieurs points d'accumulation.

Soit $\chi_n$ la fonction indicatrice sur $\mathbb{R}$ de l'ensemble $f([a_n, b_n[)$. On a, comme à la question 1, $N(\lambda) = \sum_{n=0}^{\infty} \chi_n(\lambda)$, et par convergence monotone, on peut intervertir l'intégration et la sommation pour obtenir

$$\int_{-\infty}^{+\infty} N(\lambda)\, d\lambda = \sum_{n=0}^{\infty} \int_{-\infty}^{+\infty} \chi_n(\lambda)\, d\lambda$$

(ceci est licite car $N$ est, comme les $\chi_n$, continue par morceaux). Mais on a aussi

$$\int_{-\infty}^{+\infty} \chi_n(\lambda)\, d\lambda = |f(a_n) - f(b_n)| = \int_{a_n}^{b_n} |f'(x)|\, dx.$$

La série de terme général positif (continu par morceaux) $\chi_{[a_n, b_n[} \cdot |f'|$ converge simplement vers la fonction continue $|f'|$ (car tout $x$ donné tel que $f'(x) \neq 0$ est dans $\sqcup_{p \leqslant n}[a_p, b_p[$ pour $n$ assez grand) donc, en appliquant une nouvelle fois le théorème de convergence monotone, on obtient

$$
\begin{aligned}
\sum_{n=0}^{\infty} \int_{a_n}^{b_n} |f'(x)|\, dx &= \sum_{n=0}^{\infty} \int_{-\infty}^{+\infty} \chi_{[a_n, b_n[} \cdot |f'(x)|\, dx \\
&= \int_{-\infty}^{+\infty} \sum_{n=0}^{\infty} \chi_{[a_n, b_n[} \cdot |f'(x)|\, dx \\
&= \int_{-\infty}^{+\infty} |f'(x)|\, dx.
\end{aligned}
$$

Ainsi, on a bien

$$\int_{-\infty}^{+\infty} N(\lambda)\, d\lambda = \int_{-\infty}^{+\infty} |f'(x)|\, dx.$$

**Commentaire.** En dimension 1, on dit qu'une fonction réelle $f$ est à variation bornée sur un intervalle $I$ (éventuellement infini) de $\mathbb{R}$ s'il existe une constante $T$ telle que

$$\sum_{k=1}^{n-1} |f(x_{k+1}) - f(x_k)| \leqslant T$$

pour tout $n$ et toute subdivision $x_1 < x_2 < ... < x_n$ de $I$. Le plus petit de ces majorants $T$ est appelé la variation totale de $f$. Un théorème dû à Camille Jordan affirme alors qu'une telle fonction peut toujours s'écrire sous la forme $f = f_1 - f_2$, où $f_1$ et $f_2$ sont deux fonctions croissantes (et réciproquement). Ceci implique notament, grâce à un théorème de Lebesgue (toute fonction croissante est dérivable presque partout[3]), que $f$ est dérivable en presque tout point de $I$. Les fonctions à variations bornées interviennent naturellement lorsque l'on s'intéresse à la rectifiabilité d'une courbe. En effet, si $M(t)$, $t \in I$ décrit une courbe dans $\mathbb{R}^N$, on dit que cette courbe est rectifiable si la longueur de toute ligne polygonale $M(t_1)M(t_2)...M(t_n)$ est majorée indépendamment de $n$ et de la subdivision $t_1 < t_2 < ... < t_n$ de $I$. En utilisant la norme $\|(x_1, ..., x_N)\| = |x_1| + ... + |x_N|$ (équivalente à toute autre norme), on voit immédiatement que les courbes rectifiables sont celles dont chaque coordonnée est une fonction à variation bornée. En particulier, le graphe d'une fonction $f : I \to \mathbb{R}$ est rectifiable si et seulement si $I$ est borné et $f$ est à variation bornée sur $I$.

En dimension $n$, une fonction $f : \mathbb{R}^n \to \mathbb{R}$ est dite à variation bornée si elle est absolument intégrable et si la norme du gradient de $f$ au sens des distributions est une mesure de masse totale finie (si $f$ est de classe $\mathcal{C}^1$, ceci signifie simplement que $|\nabla f|$ est intégrable sur $\mathbb{R}^n$). Si l'on définit les ensembles de niveaux de $f$,

$$\chi_\lambda = \left\{ x \in \mathbb{R}^n, \ f(x) > \lambda \right\},$$

la formule de la coaire affirme alors que

$$\int_{\mathbb{R}^n} \|\nabla f(x)\| \, dx = \int_{-\infty}^{+\infty} \mathrm{Vol}_{n-1}(\partial \chi_\lambda) \, d\lambda,$$

où $\mathrm{Vol}_{n-1}(\partial A)$ désigne la mesure $(n-1)$-dimensionnelle de la frontière de $A$. Dans le cas où $n = 2$, $\mathrm{Vol}_{n-1}(\partial A)$ mesure le périmètre de $A$, et la formule de la coaire prouve au passage que presque tous les ensembles de niveaux d'une fonction à variation bornée sont des ensembles de périmètre fini (dits aussi ensembles de Cacciopoli). Ainsi, la formule de la coaire montre que l'espace BV (pour *bounded variation*) est bien adapté à un découpage en ensembles de niveaux. Ceci explique son utilisation de plus en plus fréquente en traitement morphologique des images (voir exercice 8).

Pour plus de détails sur les fonctions à variation bornée, on pourra consulter le livre de W. Ziemer, *Weakly Differentiable Functions*, Springer (1989), ou celui de E. Giusti, *Minimal Surfaces and Functions of Bounded Variation*, Birkhäuser (1984). Pour le cas de la dimension 1, on trouvera présentés d'un point de vue élémentaire de nombreux résultats connexes dans l'ouvrage de F. Riesz et B. Sz.-Nagy, *Leçons d'Analyse Fonctionnelle* chez Gauthier-Villars (1965).

---

3. au sens où l'ensemble des points pour lesquels la propriété n'est pas vraie peut être recouvert par une réunion d'intervalles dont la somme des longueurs est arbitrairement petite.

## Corrigé 13 (splines cubiques d'interpolation)

1) Pour tout $i \in \{0, ..., n-1\}$, on a

$$
\int_{x_i}^{x_{i+1}} (f'' - \varphi'')^2(x)dx = \int_{x_i}^{x_{i+1}} f''^2(x)dx - \int_{x_i}^{x_{i+1}} \varphi''^2(x)dx
$$
$$
- 2\int_{x_i}^{x_{i+1}} \varphi''(x)(f'' - \varphi'')(x)dx
$$

et comme $\varphi$ est $\mathcal{C}^3$ sur chaque intervalle $]x_i, x_{i+1}[$, on peut intégrer par parties le dernier terme :

$$
\int_{x_i}^{x_{i+1}} \varphi''(x)(f'' - \varphi'')(x)dx = \Big[\varphi''(x)(f' - \varphi')(x)\Big]_{x_i}^{x_{i+1}}
$$
$$
- \int_{x_i}^{x_{i+1}} \varphi'''(x)(f' - \varphi')(x)dx,
$$

et la dernière intégrale est nulle puisque $\varphi'''$ est constante et $f - \varphi$ s'annule en $x_i$ et $x_{i+1}$. Ainsi,

$$
\|f'' - \varphi''\|_2^2 = \sum_{i=0}^{n-1} \int_{x_i}^{x_{i+1}} (f'' - \varphi'')^2(x)dx
$$
$$
= \|f''\|_2^2 - \|\varphi''\|_2^2 - 2\sum_{i=0}^{n-1} \Big[\varphi''(x)(f' - \varphi')(x)\Big]_{x_i}^{x_{i+1}},
$$

et le dernier terme vaut $[\varphi''(x)(f' - \varphi')(x)]_a^b$, c'est-à-dire 0 d'après l'hypothèse (iii). Par conséquent, on a bien

$$
\|f'' - \varphi''\|_2^2 = \|f''\|_2^2 - \|\varphi''\|_2^2. \tag{1}
$$

*Première interprétation.* La relation (1) prouve $\varphi''$ est le projeté orthogonal de $f''$ sur l'espace euclidien des fonctions continues affines par morceaux (muni du produit scalaire $< f, g >= \int_a^b f(x)g(x)\, dx$).

*Deuxième interprétation.* Soit une fonction $\psi$ de classe $\mathcal{C}^2$ qui interpole $f$ en $(x_i)_{i=0,...,n}$ et $f'$ en $a$ et $b$ (conditions (ii) et (iii)). Alors l'égalité (1) reste vraie si l'on remplace $f$ par $\psi$, donc

$$
\|\psi''\|_2^2 - \|\varphi''\|_2^2 = \|\psi'' - \varphi''\|_2^2 \geqslant 0.
$$

Ainsi, parmi toutes les interpolations $\psi$ de $f$ vérifiant (ii) et (iii), $\varphi$ est celle qui minimise la norme euclidienne de sa dérivée seconde. Il est facile de voir que cette propriété caractérise $\varphi$ de façon unique car si $\|\psi'' - \varphi''\|_2 = 0$ alors $\psi - \varphi$ est linéaire et par suite identiquement nulle à cause de (ii).

2) La fonction $\varphi$ doit être solution d'un système linéaire à $4n$ inconnues (coefficients de $n$ polynômes de degré au plus 3) et à $2n$ (interpolation de $f$) + 2 (interpolation de $f'$) + $2(n-1)$ (continuité de $\varphi'$ et $\varphi''$ aux points de jonctions) = $4n$ équations, ce qui n'est pas déraisonnable... Pour prouver que le système est de Cramer (et donc admet une et une seule solution), il suffit donc de montrer que seule $\varphi = 0$ convient pour $f = 0$. Or, si $f = 0$, l'égalité (1) conduit à $\|\varphi''\|_2 = 0$, soit $\varphi'' = 0$ puisque $\varphi$ est $\mathcal{C}^2$, et donc finalement $\varphi = 0$ à cause de la condition (ii). Ainsi, il y a bien existence et unicité de la fonction $\varphi$ considérée au 2).

3) Pour $n \in \mathbb{Z}$, $x \in [0,1[$ et $\varepsilon \in \{-1,1\}$, posons $\tilde{h}(2n + \varepsilon x) = \varepsilon h(x)$. Alors $\tilde{h}$ est définie sur $\mathbb{R}$, continue car $h(0) = -h(0)$ et $h(1) = -h(1)$, $\mathcal{C}^1$ sur $\mathbb{R}$ et $\mathcal{C}^2$ par morceaux. D'après le théorème de Dirichlet, elle est donc somme de sa série de Fourier, laquelle converge normalement :

$$\forall x \in [0,1], \qquad h(x) = \sum_{n=1}^{\infty} a_n \sin(n\pi x).$$

En particulier, on a

$$\|h\|_\infty \leqslant \sum_{n=1}^{\infty} |a_n|.$$

D'autre part, la série de Fourier de $\tilde{h}''$ étant $\sum n^2\pi^2 a_n \sin(\pi n x)$ (on le vérifie facilement à l'aide de deux intégrations par parties), l'application de l'égalité de Parseval (justifiée car $\tilde{h}''$ est continue par morceaux) donne

$$\|h''\|_2^2 = \sum_{n=1}^{\infty} \|n^2\pi^2 a_n \sin(\pi n x)\|_2^2 = \frac{\pi^4}{2} \sum_{n=1}^{\infty} n^4 a_n^2.$$

En utilisant l'inégalité de Cauchy-Schwarz, on obtient alors

$$\|h\|_\infty^2 \leqslant \left( \sum_{n=1}^{\infty} |a_n| \right)^2 \leqslant \sum_{n=1}^{\infty} a_n^2 n^4 \cdot \sum_{n=1}^{\infty} \frac{1}{n^4} \leqslant C^2 \|h''\|_2^2,$$

où $C = \sqrt{\dfrac{2}{\pi^4} \displaystyle\sum_{n \geqslant 1} \dfrac{1}{n^4}} = \dfrac{1}{3\sqrt{5}}$ est une constante indépendante de $h$.

4) Posons $h_i(t) = (1-t)x_i + t x_{i+1}$. Si l'on applique le résultat de la question 3 à $h = (f - \varphi) \circ h_i$, on obtient

$$\forall i, \forall x \in [x_i, x_{i+1}], \qquad |f(x) - \varphi(x)| \leqslant C \cdot \left( \int_0^1 [(f - \varphi) \circ h_i]''^2(t) dt \right)^{1/2}. \quad (2)$$

Or,

$$[(f - \varphi) \circ h_i]''^2 = (x_{i+1} - x_i)^4 (f'' - \varphi'')^2 \circ h_i = (x_{i+1} - x_i)^3 h_i' \cdot (f'' - \varphi'')^2 \circ h_i,$$

donc

$$\int_0^1 [(f - \varphi) \circ h_i]''^2(t)dt = (x_{i+1} - x_i)^3 \int_{x_i}^{x_{i+1}} (f'' - \varphi'')^2(t)dt \leqslant \varepsilon^3 \|f'' - \varphi''\|_2^2.$$

En utilisant (1) et (2), on déduit donc que

$$\|f - \varphi\|_\infty \leqslant C\varepsilon^{3/2}\|f''\|_2.$$

Pour la seconde inégalité, on commence par remarquer que d'après le théorème des accroissements finis, $(f - \varphi)'$ s'annule au moins une fois sur chaque intervalle $]x_i, x_{i+1}[$, de sorte que pour $x$ entre deux zéros successifs $z_k$ et $z_{k+1}$ (distants de moins de $2\varepsilon$ d'après la remarque précédente) on a

$$|f'(x) - \varphi'(x)| = \left| \int_{z_k}^x (f'' - \varphi'')(t)dt \right| \leqslant \sqrt{x - z_k}\, \|f'' - \varphi''\|_2$$

grâce à l'inégalité de Cauchy-Schwarz. Par symétrie, on a aussi

$$|f'(x) - \varphi'(x)| \leqslant \sqrt{z_{k+1} - x}\, \|f'' - \varphi''\|_2,$$

de sorte que

$$|f'(x) - \varphi'(x)| \leqslant \min(\sqrt{x - z_i}, \sqrt{z_{i+1} - x})\, \|f'' - \varphi''\|_2 \leqslant \sqrt{\varepsilon}\, \|f''\|_2$$

en utilisant une fois encore la relation (1).

**Commentaire.** Les fonctions splines ont été introduites pour la première fois par Schoenberg en 1946. Dans cet exercice, nous nous sommes intéressés aux splines d'interpolation cubiques (c'est-à-dire de degré trois), qui sont très utilisées en pratique, mais la théorie s'étend à des degrés supérieurs. La relation (1) est due à Holladay (1957), de même que la caractérisation axiomatique qui en résulte (seconde interprétation à la question 2. Noter que la condition aux bords $\varphi'(a) = f'(a)$, $\varphi'(b) = f'(b)$, peut être indifféremment remplacée par $\varphi''(a) = \varphi''(b) = 0$ ou par la contrainte "$\varphi$ est $(b - a)$-périodique" (si $f$ l'est). En ce qui concerne les inégalités d'approximations établies à la question 4, les résultats demandés dans l'énoncé ne sont pas optimaux. En fait, on peut montrer que sous les hypothèses de l'énoncé, on a

$$\|f^k - \varphi^k\|_\infty = o(\varepsilon^{2-k})$$

pour $k = 0, 1, 2$. La démonstration repose sur l'inégalité

$$\|f^k - \varphi^k\|_\infty \leqslant 5\mu(\varepsilon),$$

où $\mu(t)$ est le module de continuité de $f''$ sur $[a, b]$, défini par

$$\mu(t) = \sup\Big\{|f''(y) - f''(x)|; \ (x,y) \in [a,b]^2 \text{ et } |y - x| \leqslant t\Big\},$$

puis sur deux intégrations successives réalisées en introduisant les zéros de $f' - \varphi'$ et de $f - \varphi$. Si l'on raffine les hypothèses en supposant $f$ de classe $\mathcal{C}^4$, alors un théorème dû essentiellement à Birkhoff et de Boor (1964) permet d'affirmer que

$$\|f^k - \varphi^k\|_\infty = O(\varepsilon^{4-k}), \qquad k = 0, 1, ..., 4.$$

Pour une référence mathématique sur les fonctions splines, on peut consulter le livre de J.H. Ahlberg, E.N. Nilson et J.L. Walsh, *The Theory of Splines and Their Applications*, Academic Press (1967). Pour une référence plus pratique, voir par exemple le livre de R.H. Bartels, J.C. Beatty et B.A. Barsky, *B-Splines*, collection Mathématiques et CAO, vol. 6, Hermès (1988).

---

### Corrigé 14 *(interpolation affine par morceaux)*

1) Commençons par étudier le cas où $N = 2$ et $f'' > 0$ sur $[a,b]$. Tout élément de $S_2$ s'écrit $(a, u, b)$ avec $u \in ]a, b[$, et l'on a

$$
\begin{aligned}
E(u) &= \int_a^b |f(x) - \varphi_{(a,u,b)}(x)|dx \\
&= \frac{u-a}{2}\big(f(a) + f(u)\big) + \frac{b-u}{2}\big(f(u) + f(b)\big) - \int_a^b f(x)dx.
\end{aligned}
$$

En dérivant, on obtient

$$E'(u) = \frac{b-a}{2} f'(u) + \frac{1}{2}\big(f(a) - f(b)\big),$$

et, comme $E'' > 0$, on en déduit que $E$ atteint un minimum unique lorsque $f'(u) = \frac{f(b)-f(a)}{b-a}$, c'est-à-dire lorsque la tangente en $u$ est parallèle à la corde donnée par $a$ et $b$. Comme par hypothèse sur $f$ ce minimum est atteint lorsque $u = \frac{a+b}{2}$, on en déduit que

$$f'\left(\frac{a+b}{2}\right) = \frac{f(b) - f(a)}{b - a}.$$

Noter que l'on aurait obtenu la même propriété sous l'hypothèse $f'' < 0$, en changeant $f$ en $-f$.

2) Revenons au cas général. L'ensemble des points atteints par des subdivisions régulières de $[a,b]$ est exactement

$$D = \left\{ x \in ]a, b[, \ \frac{x-a}{b-a} \in \mathbb{Q} \right\}.$$

Il est facile de montrer que $D$ est dense dans $]a, b[$ (c'est une conséquence immédiate du fait que les rationnels sont denses dans $\mathbb{R}$). Soit $x \in D$. On peut écrire $x = a + (b-a)\frac{p}{q}$ avec $p$ et $q$ entiers. Supposons maintenant que $f''(x) \neq 0$ (par exemple $f''(x) > 0$, le cas $f''(x) < 0$ étant similaire). Comme $f''$ est continue, elle reste strictement positive dans un voisinage de $x$ donc pour $n$ entier assez grand, $f'' > 0$ sur $[x - h_n, x + h_n]$ avec $h_n = (b-a)\frac{1}{nq}$. Appelons $\overline{\sigma}$ la subdivision uniforme de $[a, b]$ en $nq$ intervalles (cette subdivision est dans $S_{nq}$). Les points $x - h_n$, $x$ et $x + h_n$ sont exactement les trois éléments consécutifs de $\overline{\sigma}$ d'indices $np - 1$, $np$ et $np + 1$. Soit maintenant, pour $y \in ]x - h_n, x + h_n[$, la subdivision

$$\sigma^y = (\overline{\sigma}_0, \overline{\sigma}_1, ..., \overline{\sigma}_{np-1}, y, \overline{\sigma}_{np+1}, ..., \overline{\sigma}_{nq}).$$

Comme $\overline{\sigma} = \sigma^x$ et $\sigma^y \in S_{nq}$, on a par hypothèse, en posant

$$F(\sigma) = \int_a^b |f(x) - \varphi_\sigma(x)| dx,$$

$$F(\overline{\sigma}) = \min_{\sigma \in S_{nq}} F(\sigma) = \min_{y \in ]x - h_n, x + h_n[} F(\sigma^y).$$

Mais comme $\varphi_{\sigma^y}$ et $\varphi_{\overline{\sigma}}$ ne diffèrent que sur l'intervalle $]x - h_n, x + h_n[$, on a d'après la question 1,

$$f'(x) = \frac{f(x - h_n) - f(x + h_n)}{2h_n}.$$

Un développement limité du second terme donne

$$f'(x) = f'(x) + \frac{h_n^2}{6} f'''(x) + o(h_n^2),$$

donc en faisant tendre $n$ vers $+\infty$ (ce qui implique que $h_n$ tend vers 0), on obtient $f'''(x) = 0$.

Conclusion : pour tout $x$ dans $D$, on a soit $f''(x) = 0$, soit $f'''(x) = 0$.

3) Par densité de $D$ dans $[a, b]$, on déduit de la question 2 et de la continuité de $f''$ et $f'''$ que $f'' \cdot f'''$ est identiquement nulle sur $[a, b]$. Considérons alors l'ensemble $I = \{x \in [a, b], \ f''(x) = 0\}$. Si $I$ n'est pas dense dans $[a, b]$, il existe un ouvert de $[a, b]$ sur lequel $f'''$ ne s'annule pas. Mais sur un tel ouvert, on a d'après ce qui précède $f'' = 0$ d'où $f''' = 0$ en dérivant, ce qui est une contradiction. Donc $I$ est dense dans $[a, b]$ et par continuité de $f'''$, on a $I = [a, b]$.

Conclusion : $f$ est une parabole ou une droite (i.e. un polynôme de degré au plus deux).

*Remarque :* on aurait pu faire le même raisonnement en prenant pour $D$ l'ensemble des dyadiques relatifs de $[a, b]$,

$$D' = \left\{ x \in ]a, b[, \ \exists n \in \mathbb{N}, \ 2^n \frac{x - a}{b - a} \in \mathbb{N} \right\}.$$

4) Il reste maintenant à vérifier que pour une parabole (pour une droite, c'est clair), on minimise bien dans $S_N$ l'erreur

$$E(\sigma) = \int_a^b |f(x) - \varphi_\sigma(x)| dx$$

en prenant une subdivision uniforme. Nous proposons ici deux méthodes.

*Première méthode (explicite) :* quitte à translater l'origine et à multiplier $f$ par une constante (ce qui ne change pas le résultat), on peut supposer que $f(x) = x^2$. Dans ce cas, l'erreur mesurée entre $\sigma_i$ et $\sigma_{i+1}$ vaut

$$e_i = (b - a) \frac{\sigma_i^2 + \sigma_{i+1}^2}{2} - \int_{\sigma_i}^{\sigma_{i+1}} x^2 dx = \frac{(\sigma_{i+1} - \sigma_i)^3}{6}.$$

Pour $\sigma \in S_N$, posons $x_i = \frac{\sigma_{i+1} - \sigma_i}{N}$, $i \in \{0, 1, ..., N - 1\}$. Par convexité de la fonction $x \mapsto x^3$ sur $\mathbb{R}^+$, on peut affirmer que

$$\sum_{i=0}^{N-1} \frac{1}{N} x_i^3 \geqslant \left( \sum_{i=0}^{N-1} \frac{1}{N} x_i \right)^3,$$

avec égalité lorsque tous les $x_i$ sont égaux. Par conséquent, on a

$$E(\sigma) = \sum_{i=0}^{N-1} e_i \geqslant \frac{(b - a)^3}{6N^2},$$

avec égalité lorsque $\sigma$ est la subdivision uniforme.

*Deuxième méthode (implicite) :* on commence par montrer que la borne inférieure considérée est bien atteinte. Pour cela, on remarque que la borne inférieure sur $S_N$ coïncide avec la borne inférieure sur son adhérence

$$\overline{S_N} = \left\{ (\sigma_i)_{i=0,...,N} \in [a, b]^{N+1}, \ a = \sigma_0 \leqslant \sigma_1 \leqslant ... \leqslant \sigma_N = b \right\},$$

et que la fonction $\sigma \mapsto E(\sigma)$ est continue sur $\overline{S_N}$, en tant que combinaison linéaire des $\sigma_i$ (à coefficients fonctions affines des $\sigma_i$). Ainsi, en tant que fonction continue sur un compact, $E$ admet un minimum, atteint en un certain $\sigma$ de $S_N$. Nous allons maintenant prouver que nécessairement $\sigma$ est la subdivision uniforme. Soit $i \in \{1, ..., N - 1\}$. Comme en particulier $\sigma$ est minimisante parmi toutes les subdivisions de $S_N$ qui ne diffèrent de $\sigma$ que par le terme d'indice $i$, on a d'après la question 1,

$$f'\left(\sigma_i\right) = \frac{f(\sigma_{i+1}) - f(\sigma_{i-1})}{\sigma_{i+1} - \sigma_{i-1}}.$$

Mais $f$ étant un polynôme de degré 2, $f'$ est bijective et

$$\sigma_{i+1} - \sigma_i = \sigma_i - \sigma_{i-1}.$$

Ceci étant vrai pour tout $i$, on en déduit que $\sigma$ est la subdivision uniforme.

**Commentaire.** Le principe de la programmation dynamique a été découvert par Bellman dans les années 50 (pour une référence sur le sujet, voir l'ouvrage fondateur de Bellman, *Dynamic Programming*, Princeton University Press, (1957)). Il permet de calculer rapidement le minimum d'une fonction du type

$$F(x_1, x_2, ..., x_n) = f_1(x_1, x_2) + f_2(x_2, x_3) + ... + f_{n-1}(x_{n-1}, x_n),$$

où les $x_i$ évoluent dans un ensemble discret à $k$ éléments. Pour fixer les idées, on peut se représenter chaque $f_i$ comme une fonction de coût pour passer de $x_i$ à $x_{i+1}$. On cherche donc à passer de l'indice 1 à l'indice $n$, avec pour chaque indice le choix d'une position $x_i$ et un coût total égal à la somme des coûts de chaque transition.

L'algorithme de programmation dynamique permet de trouver le chemin de coût minimal en un nombre d'opérations de l'ordre de $nk^2$ (contre $k^n$ pour la méthode naïve). Le principe est le suivant : supposons que pour un indice $i$ donné, on ait calculé et stocké pour chaque valeur de $x_i$ le chemin de coût minimal allant de l'indice 1 à la position $x_i$. Mathématiquement, cela signifie que l'on a calculé la fonction

$$G_i(x) = \min_{x_1, ..., x_{i-1}} \left( f_1(x_1, x_2) + ... + f_{i-1}(x_{i-1}, x) \right)$$

ainsi que les valeurs correspondantes de $x_1, ..., x_{i-1}$ (dépendant de $x$) qui permettent d'atteindre le minimum. Alors, on a

$$G_{i+1}(x) = \min_y \left( G_i(y) + f_i(y, x) \right),$$

ce qui signifie que l'on peut calculer le chemin optimal de l'indice 1 à la position $x_{i+1}$ en testant les $k$ valeurs possibles de $x_i$. L'initialisation du procédé se fait en prenant $G_1(x) = 0$, et lorsque l'on a calculé $G_n(x)$, alors le coût minimal est obtenu en minimisant cette fonction.

La résolution de cet exercice s'appuie sur le même principe, à savoir que si $(x_1, ..., x_n)$ réalise le minimum de d'une fonction $F$ de $n$ variables, alors en particulier $x_i$ réalise le minimum de $y \mapsto F(x_1, ..., x_{i-1}, y, x_{i+1}, ..., x_n)$. Si l'on appliquait l'algorithme de programmation dynamique pour minimiser $E(\sigma)$ lorsque $f$ est une parabole, on trouverait de proche en proche que $G_i(x)$ atteint son minimum lorsque la subdivision $(a, \sigma_1, ..., \sigma_{i-1}, x)$ de $[a, x]$ est uniforme, et on retrouverait ainsi le résultat de la question 4.

Cet exercice peut aussi être résolu de façon plus "classique". On commence par montrer que $E(\sigma)$ est une fonction $\mathcal{C}^1$ sur l'ouvert $S_N$, de sorte que si la borne inférieure est atteinte lorsque $\sigma$ est la subdivision uniforme, alors nécessairement $\sigma$ est un point critique de $E$. On retrouve alors la condition

$$f'(\sigma_i) = \frac{f(\sigma_{i+1}) - f(\sigma_{i-1})}{\sigma_{i+1} - \sigma_{i-1}}$$

en calculant les dérivées partielles de $E$ par rapport aux variables $\sigma_i$ pour $i = 1, ..., N - 1$.

---

### Corrigé 15 *(optimisation sans contrainte)*

1) On pose $X_{k,l-1} = (x_1, \ldots, x_n)$. La détermination de $X_{k,l}$ provient de la minimisation sur $\mathbb{R}$ de la fonction

$$J_l \ : \ x \mapsto J(x_1, \ldots, x_{l-1}, x, x_{l+1}, \ldots, x_n),$$

les $n - 1$ réels $x_1, \ldots, x_{l-1}, x_{l+1}, \ldots, x_n$ étant fixés. Le coefficient $(l, l)$ de la matrice $D^2 J$ est $\frac{\partial^2 J}{\partial x_l^2}$, soit $J_l''$. Ainsi, en prenant $v = e_l$ dans la relation d'ellipticité, on a $J_l''(x) \geqslant \alpha$ pour tout réel $x$, ce qui implique que $\lim_{x \to \pm\infty} J_l(x) = +\infty$. Les minima de $J_l$ sont donc ses points critiques : comme $J_l'$ est strictement croissante, il y a unicité de $\tilde{x}$ tel que $J_l(\tilde{x}) = \min_{x \in \mathbb{R}} J_l(x)$, et on a bien

$$\frac{\partial J}{\partial x_l}(X_{k,l}) = J_l'(\tilde{x}) = 0$$

en posant $X_{k,l} = (x_1, \ldots, x_{l-1}, \tilde{x}, x_{l+1}, \ldots, x_n)$.

2) La suite qui à $k$ associe $J(X_k)$ est une suite décroissante et minorée par $J(\bar{u})$. Elle est donc convergente et en particulier la suite $J(X_k) - J(X_{k+1})$ tend vers 0.

3) En gardant les notations de la question 1, on sait d'après la formule de Taylor-Lagrange qu'il existe $y \in \mathbb{R}$ tel que

$$J_l(x_l) - J_l(\tilde{x}) = J_l'(\tilde{x})(x_l - \tilde{x}) + J_l''(y)\frac{(x_l - \tilde{x})^2}{2},$$

d'où, compte tenu du fait que $J_l'(\tilde{x}) = 0$ et $J_l''(y) \geqslant \alpha$,

$$J(X_{k,l-1}) - J(X_{k,l}) \geqslant \frac{\alpha}{2}\|X_{k,l-1} - X_{k,l}\|^2.$$

Cette inégalité étant vrai pour tout $l \in \{1, ..., n\}$, on obtient en sommant

$$J(X_k) - J(X_{k+1}) = \sum_{l=1}^{n} \Big( J(X_{k,l-1}) - J(X_{k,l}) \Big) \geqslant \frac{\alpha}{2} \sum_{l=1}^{n} \|X_{k,l-1} - X_{k,l}\|^2,$$

et par inégalité triangulaire (ou en remarquant que $(X_{k,l-1} - X_{k,l})_{l=1,...,n}$ est une famille orthogonale et en appliquant le théorème de Pythagore),

$$J(X_k) - J(X_{k+1}) \geqslant \frac{\alpha}{2} \left\| \sum_{l=1}^{n} X_{k,l-1} - X_{k,l} \right\|^2 = \frac{\alpha}{2} \|X_k - X_{k+1}\|^2.$$

La question 2 permet alors d'affirmer que $\lim\limits_{k \to \infty} \|X_k - X_{k+1}\| = 0$.

4) Pour tous $k, l$, on a $\|X_{k,l} - X_{k+1}\| \leqslant \|X_k - X_{k+1}\|$, donc *a fortiori* $\lim\limits_{k \to \infty} \|X_{k,l} - X_{k+1}\| = 0$. Or on sait d'après la question 1 que $\frac{\partial J}{\partial x_l}(X_{k,l}) = 0$, donc par continuité de $\frac{\partial J}{\partial x_l}$,

$$\lim_{k \to \infty} \frac{\partial J}{\partial x_l}(X_{k+1}) = 0.$$

Ceci étant vrai pour tout $l$, on en déduit que $\lim\limits_{k \to \infty} \nabla J(X_{k+1}) = 0$ (nombre fini de limites).

Soient $u$ et $v$ deux points quelconques de $\mathbb{R}^n$. En appliquant la formule de Taylor-Lagrange à la fonction $t \mapsto J\big((1-t)u+tv\big)$, on obtient l'existence d'un vecteur $w_1$ de la forme $(1-t)u + tv$ tel que

$$J(v) = J(u) + \langle \nabla J(u), v - u \rangle + \frac{1}{2} D^2 J(w_1)(v - u, v - u).$$

En inversant les rôles de $u$ et $v$, on obtient de même un vecteur $w_2$ tel que

$$J(u) = J(v) + \langle \nabla J(v), u - v \rangle + \frac{1}{2} D^2 J(w_2)(u - v, u - v).$$

En sommant ces deux égalités et en utilisant l'ellipticité de $J$, il vient alors

$$\langle \nabla J(u) - \nabla J(v), u - v \rangle \geqslant \alpha \|u - v\|^2.$$

Comme $\bar{u}$ réalise le minimum de $J$, on a $\nabla J(\bar{u}) = 0$, et si l'on applique l'inégalité précédente à $\bar{u}$ et $X_{k+1}$, on a

$$\langle -\nabla J(X_{k+1}), \bar{u} - X_{k+1} \rangle \geqslant \alpha \|\bar{u} - X_{k+1}\|^2.$$

Or d'après l'inégalité de Cauchy-Schwarz,

$$|\langle \nabla J(X_{k+1}), \bar{u} - X_{k+1} \rangle| \leqslant \|\nabla J(X_{k+1})\| \|\bar{u} - X_{k+1}\|.$$

Ces deux dernières inégalités impliquent finalement que

$$\|\bar{u} - X_{k+1}\| \leqslant \frac{1}{\alpha} \|\nabla J(X_{k+1})\|$$

et donc $\lim\limits_{k \to \infty} X_{k+1} = \bar{u}$. La méthode est bien convergente.

5) Pour $X_0 = (0,0)$, on a $X_{0,0} = (0,0)$ et

$$J(X_{0,1}) = \min_{x_1 \in \mathbb{R}}(x_1^2 - 2x_1 + 2|x_1|) = \min_{x_1 \in \mathbb{R}_+} \min(x_1^2, x_1^2 + 4x_1),$$

donc $X_{0,1} = (0,0)$ et

$$J(X_{0,2}) = \min_{x_2 \in \mathbb{R}}(x_2^2 - 2x_2 + 2|x_2|) = \min_{x_2 \in \mathbb{R}_+} \min(x_2^2, x_2^2 + 4x_2),$$

d'où $X_1 = X_{0,2} = (0,0)$. Ainsi, la suite $X_k$ est stationnaire et égale à $(0,0)$, valeur pour laquelle $J$ est nulle. Pourtant, $J(X)$ peut se réécrire sous la forme

$$J(X) = (x_1 - 1)^2 + (x_2 - 1)^2 - 2 + 2|x_1 - x_2|,$$

fonction qui atteint son minimum $(-2)$ au point $\bar{u} = (1,1)$. La méthode ne converge donc pas dans ce cas. La condition mise en défaut est le caractère $\mathcal{C}^2$ de $J$ sur $\mathbb{R}^2$ tout entier : $J$ est seulement $\mathcal{C}^2$ sur $\mathbb{R}^2 - \{(x,x), \ x \in \mathbb{R}\}$, ensemble sur laquelle elle vérifie la relation d'ellipticité avec $\alpha = 2$.

**Commentaire.** La méthode présentée ici permet de ramener un problème de minimisation sur $\mathbb{R}^n$ à $n$ minimisations sur $\mathbb{R}$. L'intérêt de cette méthode est que la minimisation d'une fonction définie sur $\mathbb{R}$ est un problème mieux maîtrisé et qui a donné naissance à de nombreuses techniques. Pour minimiser une fonction de plusieurs variables, on cherche généralement une direction de descente privilégiée ; ici, on ne choisit pas une direction de descente particulière mais on parcourt systématiquement une base de directions. Pour compléter la description de cette méthode, il reste à faire le choix de la méthode de minimisation sur $\mathbb{R}$.

Le contre-exemple de la question 5 montre à quel point la propriété de dérivabilité est importante. En effet, dans l'exemple choisi, c'est la seule propriété qui tombe en défaut car il y a bien stricte convexité de la fonction $J$. Dans certains cas, cette propriété de dérivabilité peut tout de même être relaxée : comme le notent R. Glowinski, J.-L. Lions et R. Trémolière dans *Analyse Numérique des Inéquations Variationnelles, vol. 1 : Théorie Générale ; Premières Applications*, Dunod (1976), les fonctions de la forme

$$J(X) = J_0(X) + \sum_{i=1}^{n} \alpha_i |X_i|$$

avec $\alpha_i \geqslant 0$ et $J_0$ elliptique peuvent aussi se minimiser par la méthode de la relaxation.

On peut faire le lien avec l'exercice 21 en remarquant que si l'on applique la méthode présentée ici à la fonctionnelle $J(X) = \frac{1}{2}\langle AX, X\rangle - \langle b, X\rangle$ où $A$ est une matrice symétrique définie positive et $b$ un vecteur de $\mathbb{R}^n$, on obtient une méthode itérative d'inversion de $A$. Cette méthode, dite de Gauss-Seidel, correspond à la question 3 de l'exercice 21 avec $\omega = 1$.

Le titre de minimisation sans contrainte laisse présager que l'on pourrait minimiser avec des contraintes. C'est effectivement le cas et les contraintes qui portent sur l'ensemble sur lequel on minimise peuvent être de tout ordre. Si cet ensemble est un pavé de $\mathbb{R}^n$, c'est-à-dire que la contrainte sur $X_i$ est du type $a_i \leqslant X_i \leqslant b_i$, alors la méthode présentée ici est convergente.

Pour terminer, remarquons que l'hypothèse d'existence du minimum de $J$ faite dans l'exercice n'est pas nécessaire, car elle peut être déduite des autres propriétés de $J$. On choisit un point $X_0 \in \mathbb{R}^n$. Comme à la question 1, on remarque que hors d'une boule de centre 0 et de rayon $r$, on a $J(X) > J(X_0)$. C'est pourquoi on est ramené à minimiser sur un compact (une boule fermée de $\mathbb{R}^n$). La fonction $J$ étant continue, l'image de ce compact par $J$ est un fermé borné de $\mathbb{R}$. Si on choisit une suite minimisante $(X_k)_{k\in\mathbb{N}}$, c'est-à-dire une suite telle que

$$\lim_{k\to\infty} J(X_k) = \inf_{X\in B(0,r)} J(X) = \inf_{X\in\mathbb{R}^n} J(X),$$

elle admet nécessairement une valeur d'adhérence dans le compact $B(0, r)$. Soit $\bar{X}$ cette valeur. Par continuité de $J$, on trouve que $J(\bar{X}) = \inf\limits_{X\in\mathbb{R}^n} J(X)$, d'où l'existence du minimum. L'unicité résulte alors de la propriété d'ellipticité (stricte convexité de $J$) : si l'on suppose l'existence de deux minima distincts pour $J$, un développement de Taylor-Lagrange de $J$ à l'ordre 2 entre ces deux points aboutit à une contradiction.

Pour une introduction à l'optimisation, on pourra consulter le livre de P.G. Ciarlet, *Introduction à l'analyse numérique matricielle et à l'optimisation*, Dunod (1982).

---

## Corrigé 16 *(théorème de Stampacchia)*

1) Soit $(v_n)_{n\in\mathbb{N}}$ une suite minimisante, c'est-à-dire telle que pour tout entier $n$, $v_n \in K$, et la quantité $d_n = \|f - v_n\|$ tend vers la limite $d = \inf_{v\in K} \|f - v\|$, qui n'est *a priori* qu'un infimum à cette étape du raisonnement. Montrons que la suite $(v_n)_n$ est une suite de Cauchy. En appliquant l'identité du parallélogramme à $a = f - v_n$ et $b = f - v_m$, il vient

$$\left\| f - \frac{v_n + v_m}{2} \right\|^2 + \left\| \frac{v_n - v_m}{2} \right\|^2 = \frac{1}{2}(d_n^2 + d_m^2).$$

Or l'ensemble $K$ étant convexe, $\dfrac{v_n + v_m}{2} \in K$ et en particulier, $d$ étant un infimum, $\left\| f - \dfrac{v_n + v_m}{2} \right\| \geqslant d$. Par conséquent,

$$\left\| \frac{v_n - v_m}{2} \right\|^2 \leqslant \frac{1}{2}(d_n^2 + d_m^2) - d^2$$

et donc

$$\forall \varepsilon > 0, \ \exists n_0 \in \mathbb{N}, \ \forall m \geqslant n_0, \ \forall n \geqslant n_0, \qquad \| v_n - v_m \| \leqslant \varepsilon.$$

La suite $(v_n)$ est de Cauchy dans $H$ complet, donc elle converge et comme $K$ est fermé sa limite $u$ est dans $K$. Par continuité de la norme, on a de plus $d = \| f - u \|$, ce qui prouve que l'infimum est bien un minimum.

2) On choisit un point quelconque $w \in K$ et on décrit le segment reliant $u$ et $w$ (ouvert en $u$) par l'ensemble $S = \{ v(t) = (1-t)u + tw, \ t \in ]0,1] \}$. Comme $K$ est convexe, cet ensemble est inclus dans $K$ donc par définition de $u$, on a $\| f - u \| \leqslant \| f - v(t) \| = \| (f-u) - t(w-u) \|$. Ainsi,

$$\| f - u \|^2 \leqslant \| f - u \|^2 - 2t\langle f - u, w - u \rangle + t^2 \| w - u \|^2$$

et par suite $2\langle f - u, w - u \rangle \leqslant t \| w - u \|^2$. On obtient alors la propriété voulue en faisant tendre $t$ vers 0. Réciproquement, si $u$ vérifie la "caractérisation", alors pour tout $v \in K$

$$\| u - f \|^2 - \| v - f \|^2 = 2\langle f - u, v - u \rangle - \| u - v \|^2 \leqslant 0.$$

3) Supposons que $u_1$ et $u_2$ soient deux minima, alors en utilisant la caractérisation de $u_1$ avec $v = u_2$ et celle de $u_2$ avec $v = u_1$, on obtient $\| u_1 - u_2 \|^2 \leqslant 0$, d'où l'unicité.

4) L'ensemble $M = \phi^{-1}(\{0\})$ est un sous-espace fermé de $H$ car l'application $\phi$ est continue. C'est aussi un convexe de $H$ en tant que sous-espace vectoriel. Si $M = H$, alors $\phi = 0$ et le choix $f = 0$ convient. Dans le cas contraire, nous allons voir que le théorème de projection permet de montrer que l'orthogonal de $M$ n'est pas réduit à $\{0\}$. En effet, soit $w$ un élément quelconque de $H \setminus M$. D'après la question 1, il existe un vecteur $u \in M$ tel que $\| w - u \| = \min\limits_{v \in M} \| w - v \|$. En posant $z = w - u$, et en remarquant que $v \mapsto v - u$ est un isomorphisme de $M$, on a alors d'après la question 2, $\langle z, v \rangle \leqslant 0$ pour tout $v$ dans $M$, mais aussi $-\langle z, v \rangle \leqslant 0$ puisque $-v \in M$. Ainsi,

$$\forall v \in M, \qquad \langle z, v \rangle = 0$$

et donc $z \in M^{\perp}$. Comme pour tout $x$ dans $H$, $\phi(x)z - \phi(z)x$ est élément de $M$, on a en particulier

$$\forall x \in H, \qquad \langle z, \phi(x)z - \phi(z)x \rangle = 0,$$

d'où l'on déduit que $\phi(x) = \langle f, x \rangle$ pour tout $x$ dans $H$ en posant $f = \dfrac{\phi(z)}{\|z\|^2}\, z$.

5) D'après la question précédente, il existe un unique élément $f$ de $H$ tel que $\phi(v) = \langle f, v \rangle$ pour tout $v \in H$. De même, comme à $w$ fixé $v \mapsto a(w,v)$ est une forme linéaire continue, il existe un unique élément de $H$, noté $Aw$, tel que $a(w,v) = \langle Aw, v \rangle$ pour tout $v \in H$. On montre alors sans difficulté que l'application $w \mapsto Aw$ est linéaire de $H$ dans $H$. Les propriétés de $a$ impliquent que $\|Aw\| \leqslant C\|w\|$ (continuité) et $\langle Aw, w \rangle \geqslant \alpha\|w\|^2$ pour tout $w \in H$. Il reste donc à trouver un élément $u$ de $K$ tel que $\langle Au, v - u \rangle \geqslant \langle f, v - u \rangle$ pour tout $v \in K$.

Soit $\rho$ un réel strictement positif. La propriété à montrer équivaut à l'inégalité $\langle \rho f - \rho Au + u - u, v - u \rangle \geqslant 0$ pour tout $v \in K$. D'après la caractérisation de $u$ montrée à la question 3, ceci signifie que $u$ est la projection sur $K$ de $Su := \rho f - \rho Au + u$. Soient $v_1$ et $v_2$ deux éléments de $H$, on a

$$\begin{aligned}
\|Sv_1 - Sv_2\|^2 &= \|v_1 - v_2\|^2 - 2\rho\langle Av_1 - Av_2, v_1 - v_2 \rangle + \rho^2\|Av_1 - Av_2\|^2 \\
&\leqslant \|v_1 - v_2\|^2(1 - 2\rho\alpha + \rho^2 C^2),
\end{aligned}$$

et le terme $(1 - 2\rho\alpha + \rho^2 C^2)$ peut être rendu strictement inférieur à 1 pour un choix convenable de $\rho$. L'application $S$ est alors contractante, donc admet un unique point fixe $u$, qui vérifie $Su = u$, et donc en particulier $u \in K$.

6) Si de plus $a$ est symétrique, alors $a(u,v)$ définit un produit scalaire et la norme $u \mapsto a(u,u)^{1/2}$ est équivalente à $\|\cdot\|$. On peut alors écrire $\phi(v) = a(g,v)$ et $u$ est caractérisé par $u \in K$ et $a(g - u, v - u) \leqslant 0$. Ceci signifie que $u$ est la projection de $g$ sur $K$, c'est-à-dire que $u$ réalise le minimum de $a(g-v, g-v)^{1/2}$ pour $v \in K$. Comme $a(g - v, g - v) = a(v,v) - 2\phi(v) + a(g,g)$, ce minimum coïncide avec celui de $v \mapsto \frac{1}{2}a(v,v) - \phi(v)$.

**Commentaire.** On pourra trouver de nombreuses applications du théorème de Stampacchia dans le livre de G. Duvaut et J.L. Lions, *Les inéquations en physique et en mathématiques*, Dunod (1972). Ces applications concernent des problèmes de thermique, de frottements en élasticité et visco-élasticité, des problèmes de plaques, de plasticité et visco-plasticité ou encore d'électromagnétisme. Dans tous ces problèmes, des inéquations interviennent naturellement en raison de l'existence de seuils critiques conditionnant les phénomènes physiques sous-jacents. Un des corollaires classiques du théorème de Stampacchia est le lemme de Lax-Milgram qui concerne des égalités : on montre alors que les solutions de $a(u,v) = \phi(v)$ sont solutions du problème de minimisation

$$\min_{v \in K} \left\{ \frac{1}{2} a(v, v) - \phi(v) \right\}.$$

Le passage d'une équation elliptique du type $a(u, v) = \phi(v)$ à un problème de minimisation est ce que l'on appelle en physique "principe de moindre action" ou "minimisation d'énergie". C'est aussi un procédé très répandu en analyse des équations aux dérivées partielles, appelé formulation variationnelle. Pour des applications mathématiques de ces théorèmes (mais toujours dans le cadre de modèles physiques), nous renvoyons au livre de H. Brézis, *Analyse fonctionnelle – Théorie et applications*, Dunod (1994).

---

### Corrigé 17 (surfaces minimales : caténoïde)

1) L'élément de surface infinitésimal intercepté entre les plans $X = x$ et $X = x + dx$ est un tronc de cône de hauteur infinitésimale. Au premier ordre, son aire est donnée par le produit du périmètre de la base, soit $2\pi f(x)$, par la largeur interceptée, soit $\sqrt{1 + f'(x)^2}dx$. Par conséquent, on a

$$E(f) = 2\pi \int_0^1 f(x)\sqrt{1 + f'(x)^2}\, dx.$$

2) En choisissant $|\lambda|$ assez petit (précisément, tel que $|\lambda| \cdot \|\varphi\|_\infty \leqslant \min f$), on a $f + \lambda\varphi \in \Omega$ et $F(\lambda) = 2\pi \int_0^1 h(x, \lambda)dx$ avec

$$h(x, \lambda) = \left( (f + \lambda\varphi)\sqrt{1 + (f' + \lambda\varphi')^2} \right)(x).$$

Comme la fonction

$$\frac{\partial h}{\partial \lambda}(x, \lambda) = \left( \varphi\sqrt{1 + (f' + \lambda\varphi')^2} + (f + \lambda\varphi)\frac{\varphi'(f' + \lambda\varphi')}{\sqrt{1 + (f' + \lambda\varphi')^2}} \right)(x)$$

est continue sur $[0, 1] \times \mathbb{R}$ et que le domaine d'intégration est compact, on en déduit par application du théorème de dérivation sous le signe somme que $F$ est dérivable au voisinage de 0 avec

$$\begin{aligned}
F'(0) &= 2\pi \int_0^1 \frac{\partial h}{\partial \lambda}(x, 0)\, dx \\
&= 2\pi \int_0^1 \left[ \varphi\sqrt{1 + f'^2} + \frac{\varphi' f f'}{\sqrt{1 + f'^2}} \right](x)\, dx \\
&= 2\pi \int_0^1 \varphi(x)g(x)\, dx
\end{aligned}$$

$$\text{où} \quad g(x) = \sqrt{1 + f'(x)^2} - \left(\frac{f f'}{\sqrt{1 + f'^2}}\right)'(x), \tag{1}$$

après intégration par parties du deuxième terme (le crochet est nul puisque $\varphi(0) = \varphi(1) = 0$).

3) Puisque la fonction $F$ est dérivable au voisinage de 0 et atteint un minimum global en 0, on a $F'(0) = 0$. Supposons alors qu'il existe $x \in ]0,1[$ tel que $g(x) \neq 0$. Par continuité de $g$, pour $\varepsilon$ assez petit $g$ ne s'annule pas sur $]x - \varepsilon, x + \varepsilon[$ donc garde un signe constant. En considérant une application $\varphi$ de classe $\mathcal{C}^2$, strictement positive sur $]x - \varepsilon, x + \varepsilon[$ et nulle ailleurs (ce qui est facile à construire), on obtient une contradiction puisque l'on a alors $\int_0^1 \varphi(x) g(x) dx \neq 0$. Ainsi, $g$ est nulle sur $]0,1[$, et l'on obtient après développement et simplification de (1) l'équation différentielle

$$1 + f'^2 - f f'' = 0, \qquad \text{soit} \qquad \frac{f f''}{1 + f'^2} = 1.$$

En faisant apparaître la dérivée de $\ln(1 + f'^2)$, il vient $\dfrac{2 f' f''}{1 + f'^2} = 2\dfrac{f'}{f}$, ce qui s'intègre en $1 + f'^2 = c^2 f^2$, où $c$ est une constante arbitraire (non nulle). A ce stade, on peut soit raisonner sur la fonction réciproque $x(f)$, soit remarquer directement que l'on a, sur tout intervalle où $c^2 f^2 > 1$ et où $f'$ garde un signe constant,

$$\frac{f'}{\sqrt{c^2 f^2 - 1}} = \varepsilon$$

avec $\varepsilon \in \{-1, 1\}$. En intégrant, on en déduit l'existence d'une constante $c'$ telle que $\dfrac{1}{c} \operatorname{argch}(c f(x)) = \varepsilon x + c'$, d'où l'expression générale de $f$ (le cas $\varepsilon = -1$ n'apporte pas de nouvelles solutions) :

$$f(x) = \frac{1}{c} \operatorname{ch}(cx + d), \quad c \in \mathbb{R}^*, d \in \mathbb{R}.$$

Il reste encore à chercher $c$ et $d$ de façon à satisfaire les conditions $f > 0$ et $f(0) = f(1) = a$. Ceci impose clairement $c > 0$, $d = -\frac{c}{2}$, ainsi que $\operatorname{ch}(\frac{c}{2}) = ac$. La chaînette $c \mapsto \operatorname{ch}(\frac{c}{2})$ intersecte la droite $c \mapsto ac$ en deux points (éventuellement confondus) d'abscisses $c_1, c_2$ ($c_1 \leqslant c_2$) si et seulement si $2a \geqslant \operatorname{sh}\alpha$, où $\alpha$ est l'unique solution positive de l'équation $\alpha \operatorname{th}\alpha = 1$. Pour $c \in \{c_1, c_2\}$, on a alors

$$E(f) = \frac{\pi \operatorname{ch} c}{c^2} = 2\pi a^2 - \frac{\pi}{c^2} \qquad \left(\text{car } \operatorname{ch}\frac{c}{2} = ac\right),$$

d'où l'on déduit que $f$ est donnée par le choix $c = c_1$.

Conclusion : si $a < \frac{1}{2}\operatorname{sh}\alpha$ (où $\alpha \operatorname{th}\alpha = 1$), alors une telle fonction $f$ ne peut exister. Sinon, $f$ est unique, et donnée par

$$f(x) = \frac{1}{c_1} \operatorname{ch}\left(c_1\left(x - \frac{1}{2}\right)\right).$$

Notons que l'on a seulement prouvé que si $E$ admet un minimum, alors il est unique et a la forme ci-dessus. Pour conclure que $f$ est bien *le* minimum de $E$ sur $\Omega$ (ce qui n'était pas demandé dans l'énoncé), il faudrait soit prouver l'existence d'un minimum, soit montrer que $f$ minimise effectivement $E$.

**Commentaire.** De manière générale, un problème variationnel s'écrit sous la forme suivante : chercher une fonction $f$ telle que l'énergie $E(f)$ soit minimale. Le sens précis de l'expression "chercher $f$" dépend du contexte : selon les cas, on cherche à montrer l'existence ou l'unicité de $f$, à la calculer de manière explicite, etc... Si $f$ est un nombre ou un vecteur, alors dans le cas où $E$ est dérivable et définie sur un ouvert, on peut affirmer que si un minimum $f$ existe il vérifie nécessairement $E'(f) = 0$. Le principe du calcul des variations est d'étendre ce raisonnement aux cas où $f$ est une fonction, en donnant une caractérisation des points critiques de la fonctionnelle $E$.

On rencontre beaucoup de problèmes variationnels en physique, car dans la plupart des cas les positions d'équilibre d'un système sont celles qui minimisent une certaine énergie. Dans le cas d'un film de savon s'appuyant sur un support donné, l'équilibre est atteint lorsque l'aire de la membrane est minimale. En 1760, Lagrange montra que ces surfaces minimales remplissent en tout point une condition d'ordre 2 : si localement la surface considérée est décrite sous la forme $z = f(x, y)$ dans un repère orthonormé, alors

$$(1 + f_y^2)f_{xx} - 2f_x f_y f_{xy} + (1 + f_x^2)f_{yy} = 0, \tag{2}$$

où les indices désignent des dérivées partielles. Géométriquement, l'équation (2) signifie que la courbure moyenne[4] de la surface est nulle en tout point. On retrouve (implicitement) cette condition dans l'exercice, en considérant la restriction de la fonctionnelle $E$ à la droite dirigée par une perturbation $\varphi$, ce qui permet de se ramener à une fonction d'une variable réelle. La méthode consistant ensuite à intégrer par parties pour éliminer les dérivées de la perturbation et se ramener à un produit scalaire est extrêmement classique, et conduit comme bien souvent à caractériser les points critiques de $E$ par une équation différentielle. Montrer que ces points critiques (ou certains d'entre eux seulement) minimisent bien la fonctionnelle est souvent assez fastidieux et parfois même beaucoup plus difficile.

---

4. Sans rentrer dans de grandes définitions de la courbure moyenne d'une surface, on peut en donner l'interprétation suivante : si $n$ est le vecteur normal à la surface en l'un de ses points $M$, on peut considérer un plan contenant $M$ et $n$ ; l'intersection de ce plan avec la surface est une courbe dont on peut calculer la courbure en $M$. Lorsque l'on fait tourner ce plan selon l'axe $Mn$ d'un angle $\theta$, on montre facilement que la courbure en $M$ décrit une sinusoïde en fonction de $\theta$, et la courbure moyenne de la surface en $M$ est définie comme la valeur moyenne de cette sinusoïde.

La résolution du problème proposé (qui se limitait à l'identification des points critiques de la fonctionnelle) montre qu'il existe une valeur critique pour le paramètre $a$, valant approximativement $0,75$, en dessous de laquelle on ne trouve pas de solution. On peut vérifier expérimentalement que lorsque l'on éloigne progressivement l'un de l'autre deux cercles liés par une bulle de savon, le film de savon casse lorsque leur distance dépasse leur rayon de plus de 30% environ. Lorsque $a$ est au-dessus de cette valeur critique, on obtient une unique solution, appelée caténoïde. Le graphe de son profil est un cosinus hyperbolique, aussi appellé "chaînette" (voir figure 5). Cette appellation pro-

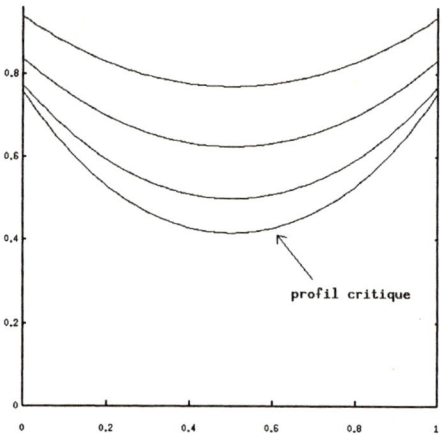

FIG. 5 –. **Profils de caténoïdes.** *Les courbes ci-dessus sont des chaînettes : les surfaces de révolution qu'elles engendrent par rotation autour de l'axe horizontal sont des caténoïdes, surfaces minimales s'appuyant sur deux contours circulaires parallèles. Lorsque la distance entre les cercles est fixée, il n'y a plus de solution en dessous d'une valeur critique du rayon des cercles.*

vient d'un autre problème variationnel : quelle est la forme que prend un fil pesant homogène fixé à ses deux extrémités ? Si l'on suppose que ce fil peut être décrit par le graphe d'une fonction "altitude" $f : [0,1] \to \mathbb{R}$ telle que $f(0) = f(1) = a$, alors on doit minimiser l'énergie potentielle

$$E(f) = g \int_0^1 f(x)\, dm(x),$$

où $g = 9,81$ est l'accélération gravitationnelle terrestre, et l'élément de masse $dm(x)$ vaut $\rho\sqrt{1 + f'(x)^2}dx$ si $\rho$ est la masse linéique du fil. Ainsi, on est ramené, à une constante près, à la même énergie que dans l'exercice (à ceci près que $f$ n'est pas contrainte à rester positive), et l'on trouve donc que la forme d'un fil pesant est aussi donnée par une fonction cosinus hyperbolique.

Pour une référence accessible sur les surfaces minimales, on pourra consulter le livre de J.L.M. Barbosa et A.G. Colares, *Minimal Surfaces in* $\mathbb{R}^3$, Lecture Notes in Mathematics, Springer (1986). Pour un point de vue plus général sur le calcul variationnel, voir *Methods of mathematical physics*, de R. Courant et D. Hilbert, édition Wiley (1989) ou bien M. Struwe, *Variational Methods*, Springer (1996).

## *Corrigé 18 (jeu de pièces)*

Supposons que le mathématicien s'en remet au hasard et choisit $a$ avec une probabilité $p$ et $b$ avec une probabilité $1 - p$. Son espérance de gain (c'est-à-dire, intuitivement, le gain qu'il réaliserait en moyenne s'il répétait l'opération un grand nombre de fois) est alors :

- Si nous choisissons $a$ : $G_1(p) = -ap + \dfrac{a+b}{2}(1-p) = \dfrac{a+b}{2} - \dfrac{3a+b}{2}p$.

- Si nous choisissons $b$ : $G_2(p) = -b(1-p) + \dfrac{a+b}{2}p = -b + \dfrac{a+3b}{2}p$.

L'espérance de gain du mathématicien est donc minorée par

$$G(p) = \min\left(G_1(p), G_2(p)\right),$$

fonction affine par morceaux qui atteint son maximum en l'unique $p_0$ tel quel $G_1(p_0) = G_2(p_0)$ (voir figure 6). Un calcul élémentaire donne

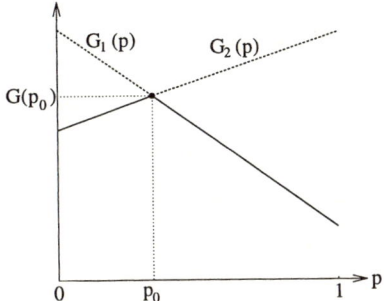

FIG. 6 –. *Détermination du maximum de $G = \min(G_1, G_2)$.*

$$p_0 = \frac{a+3b}{4(a+b)} \qquad \text{et} \qquad G(p_0) = \frac{(a-b)^2}{8(a+b)} > 0.$$

Par conséquent, le mathématicien dispose d'une stratégie (choisir $a$ avec une probabilité $p_0$ et $b$ avec une probabilité $1 - p_0$) qui lui assure d'être gagnant en moyenne, indépendamment de notre choix. Il faut donc refuser le pari.

2) Il faut tout d'abord s'interroger sur le sens de l'expression "le pari est équitable". Il est clair que si l'un des joueurs a une stratégie qui lui permet de gagner strictement en moyenne indépendamment du choix de l'autre joueur, alors le pari n'est pas équitable. A l'inverse, il est raisonnable de penser que si chaque joueur a une stratégie qui lui assure un gain moyen nul, alors le pari est équitable.

*Condition nécessaire.* On suppose le pari équitable. Si le mathématicien choisit au hasard entre chaque $a_i$ avec la probabilité $p_i$, son espérance de gain est minorée par

$$G((p_i)) = \min_i G_i(p_i) \quad \text{avec} \quad G_i(p_i) = -a_i p_i + S \sum_{j \neq i} p_j = S - p_i(a_i + S)$$

puisque $\sum_i p_i = 1$. On va donc choisir les $p_i$ pour que les $G_i(p_i)$ soient tous égaux (c'est bien ce choix qui maximise la valeur de $G$, mais il n'est pas nécessaire de le démontrer ici). On écrit alors $S - p_i(a_i + S) = A$, soit

$$p_i = \frac{S - A}{a_i + S}, \qquad \text{avec} \qquad 1 = \sum_i p_i = (S - A) \sum_i \frac{1}{a_i + S}. \qquad (1)$$

On obtient alors sans difficulté les $p_i$ et l'espérance de gain correspondante

$$A = S \left( 1 - \left( \sum_i \frac{1}{1 + a_i/S} \right)^{-1} \right).$$

La fonction $f : x \mapsto \sum_i (1 + a_i/x)^{-1}$ est une bijection strictement croissante de $]0, +\infty[$ vers $]0, n[$ et il existe donc une valeur unique $S_0$ telle que $f(S_0) = 1$. Si $S > S_0$, alors $A > 0$ et donc le choix des $p_i$ que nous avons effectué garantit au mathématicien une espérance de gain strictement positive, ce qui contredit l'équitabilité du pari. Par conséquent, $S \leqslant S_0$.

De manière symétrique, nous pouvons adopter la stratégie suivante : choisir au hasard entre les $a_i$ avec la probabilité $q_i$. Ceci nous donne une espérance de gain de

$$H((q_i)) = \min_i -G_i(q_i).$$

Si nous choisissons les $q_i$ comme les $p_i$ précédents, c'est-à-dire

$$q_i = \frac{S - A}{a_i + S}, \qquad \text{avec} \qquad (S - A) \sum_i \frac{1}{a_i + S} = 1, \qquad (2)$$

nous obtenons une espérance de gain de $-A$; mais si $S \geqslant S_0$, alors $-A > 0$ et le pari n'est pas équitable. Par conséquent, $S \geqslant S_0$, et donc d'après ce qui précède $S = S_0$.

*Condition suffisante.* Il faut maintenant vérifier que si $S = S_0$, alors le pari est équitable. Mais on a vu précédemment que dans ce cas, chaque joueur a une stratégie qui lui assure un gain moyen nul. Le pari est donc équitable au sens la définition précédente.

*Remarque :* on obtient ici une confirmation du résultat de la question 1, puisque l'on vient de prouver que dans le cas de deux pièces le pari est équitable si et seulement si $S = S_0$ avec

$$\frac{1}{1 + a/S_0} + \frac{1}{1 + b/S_0} = 1,$$

soit après simplification $S_0 = \sqrt{ab}$. En prenant $S = \frac{a+b}{2} > S_0$, on favorise donc bien le mathématicien.

3) Notons $(n-1)S$ la moyenne arithmétique des $a_i$, soit

$$S = \frac{1}{n(n-1)} \sum_{i=1}^{n} a_i.$$

La fonction $g : x \mapsto (1 + x/S)^{-1}$ est strictement convexe sur $]0, +\infty[$, donc si $f$ est la fonction définie à la question 2, on a

$$f(S) = \sum_i g(a_i) = n\left(\sum_i \frac{1}{n} g(a_i)\right) \geqslant n\, g\left(\frac{1}{n}\sum_i a_i\right) = n\, g((n-1)S) = 1,$$

ce qui prouve bien que $S_0 \leqslant S$, avec égalité si et seulement si tous les $a_i$ sont égaux. De même, si l'on pose

$$S = \frac{1}{n-1}\left(\frac{1}{n}\sum_{i=1}^{n} \frac{1}{a_i}\right)^{-1},$$

on peut remarquer que la stricte concavité de la fonction $h : x \mapsto g(1/x)$ implique que

$$f(S) = n\left(\sum_i \frac{1}{n} h\left(\frac{1}{a_i}\right)\right) \leqslant n\, h\left(\frac{1}{n}\sum_i \frac{1}{a_i}\right) = n\, h\left(((n-1)S)^{-1}\right) = 1,$$

et le cas d'égalité est le même. Ainsi, on a bien

$$\left(\frac{1}{n}\sum_{i=1}^{n} \frac{1}{a_i}\right)^{-1} \leqslant (n-1)S_0 \leqslant \frac{1}{n}\sum_{i=1}^{n} a_i, \tag{3}$$

avec égalité si et seulement si tous les $a_i$ sont égaux.

Comme on l'a vu dans la question précédente, dans le cas de deux pièces $(n = 2)$ on trouve $S_0 = \sqrt{ab}$. Avec (3), on retrouve l'inégalité classique des trois moyennes (harmonique, géométrique, arithmétique) :

$$\frac{2}{\frac{1}{a} + \frac{1}{b}} \leqslant \sqrt{ab} \leqslant \frac{a+b}{2}.$$

**Commentaire.** On est ici en présence d'un jeu à deux joueurs, qui peut être complètement décrit par une matrice de gain $M = (m_{ij})$ (on parle d'un jeu à information complète). Le joueur 1 choisit une ligne $(i)$ de la matrice et le joueur 2 une colonne $(j)$. Ces choix sont faits indépendamment l'un de l'autre. Le gain du joueur 1 est alors égal au coefficient $m_{ij}$ de la matrice. Dans le cas particulier de l'exercice, si le joueur 1 est le mathématicien, cette matrice de gain est

$$M = \begin{pmatrix} -a_1 & & & \\ & -a_2 & & (S) \\ & & -a_3 & \\ & (S) & & \ddots \\ & & & & -a_n \end{pmatrix}.$$

Le joueur 1 peut tenir le raisonnement suivant : "Si je fais le choix $i$, alors au minimum je gagne $\min_j m_{ij}$. J'ai donc intérêt à choisir $i$ de façon à maximiser cette quantité, pour obtenir un gain minimal de $\max_i \min_j m_{ij}$." Un raisonnement similaire pousse le joueur 2 à choisir $j$ de façon à minimiser $\max_i m_{ij}$, pour donner au maximum au joueur 1 la quantité $\min_j \max_i m_{ij}$. L'égalité de ces deux quantités, c'est-à-dire

$$\max_i \min_j m_{ij} = \min_j \max_i m_{ij}, \tag{4}$$

est une condition nécessaire et suffisante à l'existence d'un point d'équilibre (ou point selle), c'est-à-dire d'un couple $(i^*, j^*)$ tel que

$$\forall i, j, \qquad m_{i^*j} \leqslant m_{i^*j^*} \leqslant m_{ij^*}.$$

L'inégalité de gauche assure au joueur 2 que le choix $j^*$ est optimal pour lui si le joueur 1 a fait le choix $i^*$. Inversement, celle de droite assure le joueur 1 que le choix $i^*$ est optimal lorsque le joueur 2 choisit $j^*$.

Lorsque la condition (4) n'est pas satisfaite (ce qui est le cas dans l'exemple considéré dans l'exercice), aucune stratégie déterministe n'est optimale, et il est donc préférable de recourir à des *stratégies mixtes*, où chaque joueur effectue son choix de façon aléatoire. Si le joueur 1 affecte une probabilité $x_i$ à chaque ligne et le joueur 2 une probabilité $y_j$ à chaque colonne, alors l'espérance de gain du joueur 1 est donnée par

$$F(X,Y) = {}^tXMY = \sum_{i,j} m_{ij} x_i y_j.$$

A noter que les vecteurs $X = (x_i)$ et $Y = (y_i)$, en tant que distributions de probabilités, sont contraints à rester dans le simplexe

$$S_n = \left\{ (x_1, x_2, ..., x_n) \in \mathbb{R}_+^n, \ \sum_i x_i = 1 \right\}.$$

La fonction $F(X, Y)$ mesure maintenant l'espérance de gain du joueur 1 au sens probabiliste du terme ; néanmoins, cette espérance coïncide avec la moyenne effective des gains que le joueur 1 réaliserait en répétant le jeu un nombre infini de fois. Etant entendu que le gain devient une "espérance de gain", le raisonnement précédent est toujours valable, mis à part que dans le cas des stratégies mixtes la condition (4) est toujours remplie, car le théorème du minimax affirme que

$$\max_{X \in S_n} \min_{Y \in S_n} {}^t XMY = \min_{Y \in S_n} \max_{X \in S_n} {}^t XMY.$$

Ainsi, pour tout jeu matriciel, il existe une stratégie mixte optimale, c'est-à-dire une paire $(X^*, Y^*)$ telle que

$$\forall (X, Y) \in S_n^2, \qquad F(X^*, Y) \leqslant F(X^*, Y^*) \leqslant F(X, Y^*).$$

On a même une propriété plus forte, car dans le cas matriciel la bilinéarité de la fonction de gain implique que $Y \mapsto F(X^*, Y)$ et $X \mapsto F(X, Y^*)$ sont des fonctions constantes.

Pour une référence sur le sujet à l'usage de non-spécialistes, on pourra consulter le livre de N.N. Vorob'ev, *Game Theory*, Springer (1977). Citons aussi l'ouvrage fondateur de J. Von Neumann et O. Morgenstern, *Theory of Games and Economic Behavior*, Princeton University Press (1980). Enfin, on trouvera aussi une introduction élémentaire et amusante à ce type de problèmes dans le chapitre de M. Gardner intitulé "Théorie des jeux, carte cachée et terriers", *La Mathématique des Jeux*, bibliothèque Pour La Science.

---

## Corrigé 19 *(normes subordonnées)*

1) Soit $\lambda$ une valeur propre de $A$ de module maximal, c'est-à-dire telle que $|\lambda| = \rho(A)$, et soit $p$ un vecteur propre de $A$ associé à la valeur propre $\lambda$. On construit la matrice $B$ dont la première colonne est $p$ et les autres sont nulles. Alors $AB = \lambda B$, donc

$$\rho(A)\|B\| = \|\lambda B\| = \|AB\| \leqslant \|A\|\|B\|.$$

En simplifiant par $\|B\|$ (qui est non nul), on obtient bien $\rho(A) \leqslant \|A\|$.

*Remarque :* Il est à noter que cette démonstration ne fait pas appel au fait que la norme est subordonnée ou non. On n'utilise que la propriété de norme matricielle.

2) Dans les deux cas, on montre une majoration par calcul direct puis on exhibe un cas d'égalité.

- $\|Av\|_1 = \sum_i \left| \sum_j a_{ij} v_j \right| \leqslant \sum_j \left( |v_j| \sum_i |a_{ij}| \right) \leqslant \left( \max_j \sum_i |a_{ij}| \right) \|v\|_1.$

On va alors caractériser $\alpha = \max_j \sum_i |a_{ij}|$ comme étant le plus petit réel tel que $\|Av\|_1 \leqslant \alpha \|v\|_1$ ait lieu pour tout $v$. Pour ce faire, on choisit un entier $j_0$ qui réalise $\max_j \sum_i |a_{ij}| = \sum_i |a_{ij_0}|$ et on construit le vecteur $u$ dont les coordonnées sont les $u_i = \delta_{ij_0}$. Pour ce vecteur $u$, on obtient exactement $\|Au\|_1 = \alpha \|u\|_1$.

- $\|Av\|_\infty = \max_i \left| \sum_j a_{ij} v_j \right| \leqslant \left( \max_i \sum_j |a_{ij}| \right) \|v\|_\infty.$

De même que précédemment, $\beta = \max_i \sum_j |a_{ij}|$ est le plus petit réel tel que $\|Av\|_\infty \leqslant \beta \|v\|_\infty$ a lieu pour tout $v$. Pour le prouver, on choisit un entier $i_0$ qui réalise $\max_i \sum_j |a_{ij}| = \sum_j |a_{i_0 j}|$ et on construit $u$ de coordonnées $u_j = \dfrac{\overline{a_{i_0 j}}}{|a_{i_0 j}|}$ si $a_{i_0 j} \neq 0$ et 1 sinon. Alors $\|Au\|_\infty = \beta \|u\|_\infty$.

3) Comme $A \in \mathcal{M}_n(\mathbb{C})$, il existe une matrice de passage $U$ qui trigonalise $A$ sous la forme

$$U^{-1}AU = \begin{pmatrix} \lambda_1 & t_{1,2} & \cdots & t_{1,n} \\ & \ddots & \ddots & \vdots \\ & (0) & \ddots & t_{n-1,n} \\ & & & \lambda_n \end{pmatrix}.$$

Pour tout réel non nul $\delta$ (voué à être rendu petit), on définit la matrice diagonale $D_\delta = \operatorname{diag}(1, \delta, \ldots, \delta^{n-1})$. Un calcul direct donne

$$(UD_\delta)^{-1}A(UD_\delta) = \begin{pmatrix} \lambda_1 & \delta t_{1,2} & \cdots & \delta^{n-1} t_{1,n} \\ & \ddots & \ddots & \vdots \\ & (0) & \ddots & \delta t_{n-1,n} \\ & & & \lambda_n \end{pmatrix}.$$

Soit $\varepsilon > 0$, on fixe $\delta$ tel que $\sum_{j=i+1}^{n} |\delta^{j-1} t_{i,j}| \leqslant \varepsilon$ pour tout $i$. Alors

$$B \mapsto \|B\|_\varepsilon = \|(UD_\delta)^{-1}B(UD_\delta)\|_\infty$$

définit une norme matricielle, subordonnée à la norme vectorielle

$$v \mapsto \|(UD_\delta)^{-1}v\|_\infty.$$

On conclut en remarquant d'après la question 2 que par construction, on a bien $\|A\|_\varepsilon \leqslant \rho(A) + \varepsilon$.

*Remarque :* le choix de la norme infinie est arbitraire dans la démonstration précédente : on aurait pu tout aussi bien utiliser la norme 1 ou une autre norme vectorielle.

4) • Pour une norme matricielle subordonnée, $\|A^k v\| \leqslant \|A^k\| \|v\|$ et ainsi (i) implique (ii).

• Si $\rho(A) \geqslant 1$, alors il existe une valeur propre $\lambda$ et un vecteur propre associé $p$ tels que $|\lambda| \geqslant 1$. Alors la suite $(A^k p)_{k\geqslant 1}$ ne tend pas vers 0. On a ainsi montré par contraposée que (ii) implique (iii).

• Si $\rho(A) < 1$, on déduit de la question 3 qu'il existe une norme subordonnée telle que $\|A\| < 1$ (on prend $\varepsilon = \frac{1-\rho(A)}{2}$ par exemple). Ainsi (iii) implique (iv).

• Par propriété des normes matricielles, $\|A^k\| \leqslant \|A\|^k$ et (iv) implique (i).

**Commentaire.** Comme le suggèrent les questions de cet exercice, toutes les normes matricielles ne sont pas subordonnées. L'exemple le plus classique est la norme $\|\cdot\|_H$ définie par

$$\|A\|_H = \sqrt{\mathrm{Tr}(A^*A)} = \left(\sum_{i,j=1}^{n} |a_{ij}|^2\right)^{1/2},$$

qui est la norme hermitienne (resp. euclidienne) de $A$ lorsque $A$ est considéré comme un vecteur de $\mathbb{C}^{n^2}$ (resp. de $\mathbb{R}^{n^2}$), mais également une norme matricielle. Ce n'est pas une norme matricielle subordonnée car $\|I\|_H = \sqrt{n}$ alors que l'on a toujours $\|I\| = 1$ pour une norme subordonnée. La norme subordonnée à la norme vectorielle hermitienne, quant à elle, vérifie

$$\|A\|_2^2 = \sup_{v\in\mathbb{C}^n} \frac{v^*A^*Av}{v^*v} = \sup_{v\in\mathbb{C}^n} R_{A^*A}(v),$$

où $R_{A^*A}(v)$ est le quotient de Rayleigh associé à $A^*A$ (cf. exercice 23). En particulier, si $A$ est normale, alors $\|A\|_2 = \rho(A)$.

Enfin, il existe des matrices pour lesquelles la question 3 est optimale, c'est-à-dire qu'il est impossible de trouver une norme matricielle, subordonnée ou non, telle que $\|A\| = \rho(A)$. Un exemple est donné par la matrice $\begin{pmatrix} 0 & 0 \\ 1 & 0 \end{pmatrix}$, dont le rayon spectral est nul.

---

### *Corrigé 20 (méthode de Givens)*

1) Si un des $c_i$ est nul, alors la matrice est diagonale par blocs, chaque bloc ayant cette même structure. Comme chaque bloc définit la restriction de $A$ à un sous-espace stable par $A$, l'ensemble des valeurs propres de $A$ est donc la réunion des valeurs propres de chaque bloc. En appliquant ce raisonnement récursivement, on se ramène finalement au cas où aucun des $c_i$ n'est nul.

2) • En développant le déterminant $\det(A_i - \lambda I_i)$ par rapport à la dernière ligne ou à la dernière colonne, on obtient

$$p_i(\lambda) = (b_i - \lambda)p_{i-1}(\lambda) - c_{i-1}^2 p_{i-2}(\lambda).$$

On peut initialiser cette relation de récurrence avec $p_0(\lambda) = 1$ et $p_1(\lambda) = b_1 - \lambda$.
• Par une récurrence évidente, le monôme de plus haut degré du polynôme $p_i$ est $(-1)^i \lambda^i$. Ainsi $p_i(\lambda)$ tend vers $+\infty$ en $-\infty$ et vers $\pm\infty$ en $+\infty$ suivant la parité de $i$.
• Supposons que $p_i(\lambda_0) = 0$, alors $p_{i+1}(\lambda_0) = -c_i^2 p_{i-1}(\lambda_0)$. Comme les $c_i$ sont tous non nuls, soit $p_{i+1}(\lambda_0)$ et $p_{i-1}(\lambda_0)$ sont de signes opposés, soit ils sont simultanément nuls. Dans ce dernier cas, on aurait tous les $p_i(\lambda_0)$ nuls, y compris pour les indices inférieurs puisque

$$p_i(\lambda) = c_{i+1}^{-2}\left[(b_{i+2} - \lambda)p_{i+1}(\lambda) - p_{i+2}(\lambda)\right],$$

et ceci contredirait $p_0(\lambda_0) = 1$. Ce cas est donc à proscrire et on en déduit que les polynômes $p_{i+1}$ et $p_{i-1}$ sont non nuls et de signes opposés en les racines de $p_i$ .
• On montre par récurrence la propriété $(H_i)$: $p_i$ admet $i$ racines distinctes qui séparent les racines de $p_{i-1}$.
  - $(H_1)$ est vraie
  - Si $(H_i)$ est vraie, alors les $i$ racines de $p_i$ induisent $i-1$ changements de signe pour $p_{i-1}$ donc pour $p_{i+1}$. D'autre part, les polynômes $p_{i+1}$ et $p_{i-1}$ ont des signes opposés en les racines extrêmes de $p_i$ mais la même limite en l'infini. Ceci implique pour $p_{i+1}$ l'existence de deux autres racines extérieures à celles de $p_i$, d'où $(H_{i+1})$.

3) Montrons la propriété demandée par récurrence sur $i$.
• Si $\mu \leqslant b_1$, alors $E_1(\mu) = (+, +)$ et $N(1, \mu) = 0$. Si au contraire $\mu > b_1$, alors $E_1(\mu) = (+, -)$ et $N(1, \mu) = 1$. La propriété est donc vraie pour $i = 1$.
• Supposons maintenant la propriété vraie au rang $i$. Alors, si l'on note $(\lambda_1^i, ..., \lambda_i^i)$ les racines de $p_i$ ordonnées de manière croissante, on a

$$\lambda_1^i < \ldots < \lambda_{N(i,\mu)}^i < \mu \leqslant \lambda_{N(i,\mu)+1}^i < \ldots < \lambda_i^i$$

$$\text{et} \qquad \lambda_{N(i,\mu)}^i < \lambda_{N(i,\mu)+1}^{i+1} \leqslant \lambda_{N(i,\mu)+1}^i.$$

Il se dégage donc 3 cas :

- si $\lambda^i_{N(i,\mu)} < \mu \leqslant \lambda^{i+1}_{N(i,\mu)+1}$     alors $f_{i+1}(\mu) = f_i(\mu)$
  et $N(i+1,\mu) = N(i,\mu)$,

- si $\lambda^{i+1}_{N(i,\mu)+1} < \mu < \lambda^i_{N(i,\mu)+1}$     alors $f_{i+1}(\mu) = -f_i(\mu)$
  et $N(i+1,\mu) = N(i,\mu) + 1$,

- si $\mu = \lambda^i_{N(i,\mu)+1}$     alors $f_i(\mu) = -f_{i-1}(\mu) = -f_{i+1}(\mu)$
  et $N(i+1,\mu) = N(i,\mu) + 1$,

ce qui achève la preuve.

4) On utilise une méthode par dichotomie. Après avoir défini un intervalle de départ $[a_0, b_0]$ (que l'on peut prendre égal à $[-\|B\|, \|B\|]$ pour une certaine norme matricielle), on considère le point milieu $c_0 = \frac{1}{2}(a_0 + b_0)$. Si en ce point $N(n, c_0) \geqslant i$, alors $\lambda_i \in [a_0, c_0[$, sinon $\lambda_i \in [c_0, b_0[$, ce qui définit un nouvel intervalle $[a_1, b_1]$ et on continue ainsi de suite, la longueur de l'intervalle dans lequel on cherche la valeur propre étant divisée par deux à chaque étape, ce qui permet de prévoir le nombre d'itérations nécessaires pour obtenir les valeurs propres avec une précision donnée.

**Commentaire.** La méthode de Givens utilise les propriétés d'une suite (finie) de polynômes qui est un cas particulier de suite de Sturm. En effet, une suite de Sturm est une suite de polynômes $(p_i)_{i=1,\ldots,n}$ qui vérifient
- $\lim\limits_{x \to -\infty} p_i(x) = +\infty$, pour $i = 1, \ldots, n$,
- $p_i(x_0) = 0$ implique que $p_{i-1}(x_0)p_{i+1}(x_0) < 0$, pour $i = 1, \ldots, n-1$,
- $p_i$ possède $i$ racines réelles distinctes qui séparent les $i+1$ racines de $p_{i+1}$, pour $i = 1, \ldots, n-1$.

Le problème modèle qui consiste à chercher $u \in \mathcal{C}^2$ tel que $\Delta u = f$ pour une certaine fonction $f$ continue vérifiant $f(0) = f(1) = 0$, donne lieu à la discrétisation en différences finies (cf. le problème)

$$\begin{cases} \dfrac{u_{k+1} - 2u_k + u_{k-1}}{h^2} = f\left(\dfrac{k}{n+1}\right) \text{ pour } k = 1, \ldots, n, \\ u_0 = u_{n+1} = 0. \end{cases}$$

En posant $U = (u_1, \ldots, u_n)$ et $F = \left(f(\frac{1}{n+1}), \ldots, f(\frac{n}{n+1})\right)$, ceci équivaut à $AU = h^2 F$ avec

$$A = \begin{pmatrix} -2 & 1 & & \\ 1 & -2 & 1 & 0 \\ & \ddots & \ddots & \ddots \\ & 0 & 1 & -2 \end{pmatrix}.$$

La figure 7 représente trois polynômes successifs de la suite $(p_i)$ associés à cette matrice.

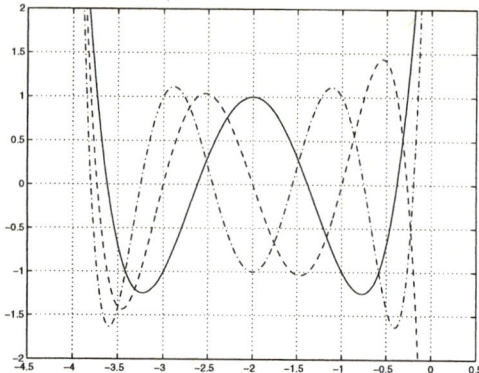

FIG. 7 –. *Polynômes caractéristiques de la matrice A pour n =4, 5 et 6. On observe
la séparation des racines.*

Les valeurs propres de cette matrice peuvent d'ailleurs être calculées expli-
citement (cf. suite) et valent respectivement $\lambda_p^n = -4 \left( \sin \dfrac{p\pi}{2(n+1)} \right)^2$, pour
$p = 1, \ldots, n$. En remplaçant $n$ par $i$ dans cette expression, on obtient aussi les
valeurs propres des sous-matrices principales $A_i$, et donc les zéros des $p_i$. On
peut alors vérifier explicitement la propriété de séparation : comme la fonction
sinus est positive et croissante sur l'intervalle $[0, \frac{\pi}{2}]$, à $i$ fixé les $\lambda_p^i$ sont rangées
dans l'ordre décroissant, et la séparation des valeurs propres est bien réalisée
car

$$\frac{p}{i+2} < \frac{p}{i+1} < \frac{p+1}{i+2} \text{ pour } p = 1, \ldots, i.$$

*Idée du calcul de valeurs propres de A.* On note $V = (v_1, \ldots, v_n)$ le vecteur
propre associé à $\lambda$. Les $v_k$ sont solution de la relation de récurrence à trois
termes $v_{k-1} - (2+\lambda) + v_{k+1} = 0$ avec la condition initiale $v_0 = 0$ et la condition
finale $v_{n+1} = 0$. On calcule alors les valeurs des termes de la suite en utilisant la
méthode de l'équation caractéristique et en éliminant une constante à l'aide de
la condition initiale. Il est d'ailleurs illusoire de vouloir déterminer la deuxième
constante sachant que tous les vecteurs colinéaires à $V$ sont aussi solution. La
condition finale permet de conclure que $v_k = 2ia \sin \left( \dfrac{kp\pi}{n+1} \right)$, et l'équation
caractéristique donne alors la valeur correspondante de $\lambda$.

Pour de plus amples détails sur le sujet, notamment sur la façon de se
ramener à une matrice tridiagonale (par exemple par la méthode de Householder, souvent couplée à la méthode de Givens), nous renvoyons au livre de
P.G. Ciarlet, *Introduction à l'analyse numérique matricielle et à l'optimisation*, Masson (1988).

## *Corrigé 21 (méthodes itératives)*

1) Supposons que $\|B\| < 1$ pour une certaine norme matricielle subordonnée.

• Si la suite $(u_k)_{k \in \mathbb{N}}$ admet une limite $u$, celle-ci vérifie nécessairement la relation $(I - B)u = c$. Comme $\|B\| < 1$, la matrice $(I - B)$ est inversible, puisque son inverse est donnée par la somme de la série convergente $\sum B^n$ (on peut aussi le voir de façon plus élémentaire en remarquant que si $(I - B)v = 0$, alors $\|v\| = \|Bv\| \leqslant \|B\| \, \|v\|$ implique $v = 0$). Par conséquent, la seule limite possible pour la suite $(u_k)$ est $u = (I - B)^{-1}c$, et ce vecteur est bien indépendant de $u_0$.

• Réciproquement, $u$ est effectivement la limite de cette suite puisque l'on a

$$\|u_k - u\| = \|B(u_{k-1} - u)\| \leqslant \|B\| \, \|u_{k-1} - u\| \leqslant \|B\|^k \|u_0 - u\|$$

avec $\|B\| < 1$.

2) Intuitivement, il s'agit de comparer $M^{-1}N$ à l'identité. La matrice $A$ étant hermitienne définie positive, l'application $v \mapsto \sqrt{v^*Av}$ définit bien une norme et l'on a, pour la norme subordonnée associée,

$$\|M^{-1}N\| = \|I - M^{-1}A\| = \sup_{\|v\|=1} \{\|v - M^{-1}Av\|\}.$$

Posons alors $w = M^{-1}Av$, il vient

$$
\begin{aligned}
\|v - w\|^2 &= \|v\|^2 - v^*Aw - w^*Av + w^*Aw \\
&= 1 - w^*M^*w - w^*Mw + w^*Aw \\
&= 1 - w^*(M^* + N)w.
\end{aligned}
$$

Or $w \neq 0$ car $A$ est définie positive et à ce titre inversible, et $M^* + N$ est hermitienne définie positive donc $0 < w^*(M^* + N)w$. Ainsi, $\|v - w\|^2 < 1$ pour tout $v$ de module 1. La fonction $v \in \mathbb{C}^n \mapsto \|v - M^{-1}Av\| \in \mathbb{R}$ étant continue sur le compact $\{v \in \mathbb{C}^n, \ \|v\| = 1\}$, elle y atteint son maximum et par conséquent $\|M^{-1}N\| < 1$.

3) On effectue la décomposition présentée à la question précédente, ce qui amène à résoudre $(M - N)u = b$ qui équivaut à $u = M^{-1}Nu + M^{-1}b$. On définit alors le procédé de récurrence $u_{k+1} = M^{-1}Nu_k + M^{-1}b$. La norme considérée étant une norme subordonnée, on peut appliquer le résultat de la première question. Le procédé de récurrence est bien convergent.

4) • Comme la matrice $A$ est hermitienne définie positive, les éléments de $D$ sont tous strictement positifs. Ainsi la matrice $\frac{1}{\omega}D - E$ est bien inversible. D'autre part, $E^* = F$ donc $M^* + N = \frac{2-\omega}{\omega}D$. La matrice $M^* + N$ est donc bien hermitienne et elle n'est définie positive que si $0 < \omega < 2$, qui est donc une condition suffisante pour pouvoir appliquer ce qui précède.

• Montrons que c'est également une condition nécessaire. Notons $(\lambda_i)_{i=1..n}$ les valeurs propres de $M^{-1}N$, ordonnées par modules croissants. Comme les matrices $M$ et $N$ sont triangulaires, on a

$$\det(M^{-1}N) = \frac{\det N}{\det M} = \frac{\det\left(\dfrac{1-\omega}{\omega}D + F\right)}{\det\left(\dfrac{1}{\omega}D - E\right)} = (1-\omega)^n.$$

Mais d'autre part, si $v$ est un vecteur propre associé à la valeur propre $\lambda_n$ de $M^{-1}N$, on peut écrire, pour toute norme matricielle subordonnée,

$$|\lambda_n| \|v\| = \|M^{-1}N\| \, \|v\| < \|v\|$$

donc $|\lambda_n| < 1$. Ainsi, $1 > |\lambda_n| \geqslant \left|\displaystyle\prod_{i=1}^{n}\lambda_i\right|^{1/n} = |\det(M^{-1}N)|^{1/n} = |1-\omega|$. La convergence n'est donc possible que si $0 < \omega < 2$.

**Commentaire.** L'intérêt des méthodes présentées ici est de remplacer l'inversion d'une matrice $A$ *a priori* difficile à inverser par celle d'une matrice triangulaire et donc facile à inverser. La méthode décrite à la question 4 s'appelle méthode de la relaxation. Un cas particulier de cette méthode est la méthode de Gauss-Seidel, qui correspond au cas où $\omega = 1$. Mais cette valeur de $\omega$ n'est pas nécessairement la meilleure. Pour faire converger l'algorithme itératif le plus rapidement possible, on a tout intérêt à ce que le rayon spectral (i.e. le maximum du module des valeurs propres) de la matrice $M^{-1}N$ soit le plus petit possible. Dans le cas où $A$ est hermitiennne définie positive et triangulaire par blocs, on peut relier ce rayon spectral à celui intervenant dans la méthode de Jacobi, qui est un cas particulier de la question 3 avec $M = D$ (matrice encore plus facile à inverser qu'une matrice triangulaire) et $N = E + F$. On obtient que le paramètre optimal est $\omega_0 = \dfrac{2}{1 + \sqrt{1 - [\rho(D^{-1}(E+F))]^2}}$, où $\rho()$ désigne le rayon spectral. Quand cette valeur optimale est proche de 1, la méthode de Jacobi est très bonne; en revanche, lorsque la méthode de Jacobi est médiocre, $\omega_0$ vaut presque 2. Pour les détails des calculs nous renvoyons au livre de P.G. Ciarlet, *Introduction à l'analyse numérique matricielle et à l'optimisation*, Masson (1988).

La méthode de la relaxation est une bonne méthode pour des matrices de taille moyenne mais il existe une armada d'autres méthodes, comme les méthodes de gradient conjugué pour les matrices symétriques. Ces méthodes peuvent être modifiées en utilisant des procédés d'accélération polynomiale ou des préconditionneurs, qui permettent d'abaisser le rayon spectral de la matrice d'itération.

Les méthodes ci-dessus ne permettent de traiter que des matrices symétriques définies positives. Dans le cas de matrices uniquement symétriques, on peut citer les méthodes MINRES (Minimal Residual) ou SYMMLQ (Symmetric LQ) et dans le cas de matrices quelconques la méthode GMRES (General Minimal Residual), celle du bigradient conjugué, etc. Pour une description rapide de ces méthodes, nous renvoyons au livre de R. Barrett et al., *Templates for the solution of linear systems: Building blocks for iterative systems*, SIAM (1994). Pour l'analyse complète (mais ardue) de ces méthodes, il faut se reporter au livre de Y. Saad, *Iterative Methods for sparse linear systems*, PWS Publishing Company (1996).

---

## *Corrigé 22 (théorème de Perron-Frobenius)*

1) Soit un vecteur $y \in \mathbb{R}^n$ tel que $y \geqslant 0$. Modulo une permutation sur la base, on sait qu'il existe un vecteur $u \in \mathbb{R}^k$ ($k \leqslant n$) tel que $u > 0$ (ce qui signifie que toutes les composantes de $u$ sont strictement positives) et $y = {}^t(u \; 0)$. La matrice $I + A$ donne nécessairement une image $z$ de $y$ telle que $z = {}^t(v \; w)$ avec $v \in \mathbb{R}^k$, $v > 0$ et $w \in \mathbb{R}^{n-k}$. Supposons que $w = 0$, alors

$$\begin{pmatrix} v \\ 0 \end{pmatrix} = \begin{pmatrix} u \\ 0 \end{pmatrix} + \begin{pmatrix} A_{11} & A_{12} \\ A_{21} & A_{22} \end{pmatrix} \begin{pmatrix} u \\ 0 \end{pmatrix} = \begin{pmatrix} u \\ 0 \end{pmatrix} + \begin{pmatrix} A_{11}u \\ A_{21}u \end{pmatrix}$$

donc $A_{21}u = 0$. Comme $u > 0$, il faut nécessairement que $A_{21} = 0$, ce qui contredit le fait que $A$ irréductible. On a donc démontré le résultat par l'absurde.

2) En itérant le raisonnement ci-dessus, pour tout $y \geqslant 0$ non nul, le vecteur $z = (I + A)^{n-1}y$ est strictement positif. En choisissant $y = e_i$, le $i$ème vecteur de la base, on montre ainsi que la $i$ème colonne de $(I + A)^{n-1}$ est strictement positive. Ceci étant vrai pour tout $i \in \{1, \dots, n\}$, tous les coefficients de la matrice $(I + A)^{n-1}$ sont strictement positifs.

3) • Il est clair que $r_x \geqslant 0$ et $r_x$ est le plus grand réel $\alpha$ tel que $\alpha x \leqslant Ax$ (coordonnée par coordonnée).
• Posons maintenant $r = \sup_{x \geqslant 0} r_x$ (cette borne supérieure est bien définie), et montrons qu'il existe un vecteur $z > 0$ tel que $r = r_z$. Par homogénéité, on peut restreindre la recherche de la borne supérieure à

$$x \in M = \left\{ x, \; \sum_{k=1}^n x_i^2 = 1 \right\}.$$

L'application $x \mapsto r_x$ est continue en tout point $x > 0$ mais a des discontinuités aux points $x$ tels que $x_i = 0$ pour au moins un indice $i$. On va donc essayer de montrer que l'on peut restreindre la recherche de la borne supérieure à des $x > 0$. Soit $x \in M$, posons $y = (I + A)^{n-1}x$. Comme $A$ et $(I + A)^{n-1}$ commutent, on a $Ay = (I + A)^{n-1}Ax$ et comme les coefficients de la matrice $(I + A)^{n-1}$ sont tous positifs, on a $(I + A)^{n-1}u \geqslant (I + A)^{n-1}v$ pour tous vecteurs $u$ et $v$ tels que $u \geqslant v$. En appliquant cette propriété à $u = Ax$ et $v = r_x x$, on obtient alors

$$Ay = (I + A)^{n-1}Ax \geqslant (I + A)^{n-1}r_x x = r_x y,$$

ce qui prouve que $r_x \leqslant r_y$. Par conséquent, on a

$$r = \sup_{x \in M} r_x = \sup_{y \in N} r_y,$$

où $N = \{(I + A)^{n-1}x, \ x \in M\}$. Comme tout élément $y$ de $N$ vérifie $y > 0$ d'après la question 2, la fonction $y \mapsto r_y$ est continue sur le compact $N$ (fermé borné) donc atteint sa borne supérieure. Ainsi, il existe un vecteur $z > 0$ tel que $r = r_z$.

• Pour le vecteur $u = (1, \ldots, 1)$, on a $r_u = \min_i \sum_{k=1}^{n} a_{ik} \neq 0$ (car $A$ est irréductible) donc $r > 0$.

• Supposons maintenant que $Az - rz \neq 0$. Comme $Az - rz \geqslant 0$, en posant $x = (I + A)^{n-1}z$ on a immédiatement $Ax - rx = (I + A)^{n-1}(Az - rz) > 0$ d'où par continuité $Ax - (r + \varepsilon)x > 0$ pour $\varepsilon > 0$ assez petit, ce qui contredit la définition de $r$. Ceci prouve donc par l'absurde que $Az = rz$.

4) Pour montrer que $r = \rho$, il suffit de prouver que toute valeur propre de la matrice $A$ est nécessairement de module inférieur ou égal à $r$. Soit $\alpha$ une valeur propre de $A$ et $y$ un vecteur propre associé. On a alors par définition $Ay = \alpha y$. Soit $u$ le vecteur dont les coordonnées sont les modules des coordonnées du vecteur $y$. On a alors $|\alpha|u = |\alpha y| = |Ay| \leqslant Au$ par inégalité triangulaire, et donc $|\alpha| \leqslant r_u$ par définition de $r_u$. Ceci implique, par définition de $r$, que $|\alpha| \leqslant r$, et donc $r$ est bien le rayon spectral $\rho$ de la matrice $A$.

**Commentaire.** La preuve proposée ici n'est ni celle de Perron qui ne traitait que de matrices dont tous les coefficients sont strictement positifs (ce qui est un cas particulier d'irréductibilité), ni celle de Frobenius, mais celle de Wielandt proposée en 1950. Elle est assez intéressante par la nature particulière de l'ensemble sur lequel il faut minimiser. On peut montrer d'autres propriétés dans le prolongement de celles ci-dessus. Par exemple, la valeur propre $r$ est simple ainsi que toutes les valeurs propres de même module, qui par ailleurs sont réparties de manière régulière sur le cercle de rayon $r$, au sens où ce sont les racines de l'équation $\lambda^h = r^h$ pour un certain entier $h$ compris entre 1 et $n$. Pour plus de détails sur le sujet on pourra consulter le livre de F.R. Gantmacher, *Théorie des matrices, Tome 2*, Dunod (1966).

## *Corrigé 23 (quotients de Rayleigh)*

1) • Le fait que $v$ appartient à $V_k$ équivaut à l'existence d'une décomposition de la forme $v = \sum_{i=1}^{k} \alpha_i p_i$, où $p_i$ est un vecteur propre unitaire associé à $\lambda_i$. En utilisant cette écriture, il est clair que

$$R_A\left(\sum_{i=1}^{k} \alpha_i p_i\right) = \frac{\sum_{i=1}^{k} \lambda_i |\alpha_i|^2}{\sum_{i=1}^{k} |\alpha_i|^2}.$$

Les caractérisations (i) et (ii) en découlent. En effet (i) correspond au cas où $\alpha_1 = \cdots = \alpha_{k-1} = 0$ et $\alpha_k = 1$. Le maximum sur $V_k$ est également obtenu pour une telle configuration (d'où (ii)) car

$$\sum_{i=1}^{k} \lambda_i |\alpha_i|^2 \leqslant \lambda_k \sum_{i=1}^{k} |\alpha_i|^2.$$

• La relation $v \perp V_{k-1}$ s'écrit $v = \sum_{i=k}^{n} \alpha_i p_i$. Un raisonnement du même type que ci-dessus donne (iii).

• D'après (ii), on sait que $\lambda_k = \max_{v \in V_k} R_A(v) \geqslant \inf_{W \in \mathcal{V}_k} \max_{v \in W} R_A(v)$. Il reste à montrer l'inégalité opposée, i.e. $\lambda_k \leqslant \max_{v \in W} R_A(v)$ pour tout $W \in \mathcal{V}_k$. Un raisonnement sur les dimensions des espaces vectoriels permet de conclure. En effet, par définition

$$\dim(W) = k, \quad \dim(V_{k-1}^\perp) = n - k + 1$$

et de plus on a nécessairement $\dim(W + V_{k-1}^\perp) \leqslant n$, donc

$$\dim(W \cap V_{k-1}^\perp) = \dim(W) + \dim(V_{k-1}^\perp) - \dim(W + V_{k-1}^\perp) \geqslant 1.$$

On peut donc choisir un vecteur non nul $v \in W \cap V_{k-1}^\perp$. Celui-ci vérifie la majoration $\lambda_k \leqslant R_A(v) \leqslant \max_{v \in W} R_A(v)$, et (iv) en résulte.

• La caractérisation (v) se montre de façon analogue.

2) Comme $V_n = V_0^\perp = V$, l'encadrement $\lambda \leqslant R_A(v) \leqslant \lambda_n$ découle de (ii) et (iii). Pour montrer que tout l'intervalle est atteint, on utilise un argument de connexité que l'on peut rédiger de plusieurs façons.

*Argument 1.* On peut se restreindre à la sphère unité car $R_A$ est invariant par multiplication par un scalaire. Comme $R_A(v) = v^* A v$ définit une application continue, l'image de la sphère (connexe) est un connexe de $\mathbb{R}$, c'est-à-dire un intervalle, d'où le résultat.

*Argument 2.* On définit la fonction $\phi\colon t \mapsto R_A(p_1 + t(p_n - p_1))$, qui est continue sur l'intervalle $[0,1]$ (car $p_1 + t(p_n - p_1)$ ne s'annule pas) et à valeurs dans $\mathbb{R}$. De plus $\phi(0) = \lambda_1$ et $\phi(1) = \lambda_n$. Par le théorème des valeurs intermédiaires tout l'intervalle est atteint.

3) On commence par estimer les valeurs propres de $B$ sur les sous-espaces $V_k$ associés comme aux questions précédentes à $A$. D'après la caractérisation (iv) pour $B$ ,

$$\beta_k = \min_{W \in \mathcal{V}_k} \max_{v \in W} R_B(v) \leqslant \max_{v \in V_k} R_B(v).$$

Or, le vecteur $v$ étant fixé, l'application qui à la matrice $A$ associe $R_A(v)$ est linéaire d'où $R_B(v) = R_A(v) + R_{\delta A}(v)$ et

$$\beta_k \leqslant \max_{v \in V_k}(R_A(v) + R_{\delta A}(v)) \leqslant \max_{v \in V_k} R_A(v) + \max_{v \in V_k} R_{\delta A}(v).$$

Ensuite, en utilisant la caractérisation (ii) pour $A$ et en majorant "brutalement" le deuxième terme,

$$\beta_k \leqslant \alpha_k + \max_{v \in \mathbb{C}^n, v \neq 0} R_{\delta A}(v) = \alpha_k + \rho(\delta A).$$

Enfin, en échangeant les rôles de $A$ et $B$, on obtient de façon symétrique $\alpha_k \leqslant \beta_k + \rho(\delta A)$, d'où finalement $|\alpha_k - \beta_k| \leqslant \rho(\delta A)$.

**Commentaire.** On donne ici l'application des quotients de Rayleigh à un problème de conditionnement de valeurs propres. On remarque que dans le cas hermitien, de petites perturbations de la matrice entraînent des modifications des valeurs propres de l'ordre du rayon spectral de la différence. Ce résultat n'est pas possible à étendre aux vecteurs propres qui peuvent eux subir de profondes variations. A titre d'exemple (issu du livre d'exercices de P.G. Ciarlet, B. Miara et J.M. Thomas, *Exercices d'analyse numérique matricielle et d'optimisation*, Masson, 1982) la matrice

$$A = \begin{pmatrix} 1 + \varepsilon \cos\dfrac{2}{\varepsilon} & -\varepsilon \sin\dfrac{2}{\varepsilon} \\[3mm] -\varepsilon \sin\dfrac{2}{\varepsilon} & 1 - \varepsilon \cos\dfrac{2}{\varepsilon} \end{pmatrix}$$

admet comme valeurs propres $1 \pm \varepsilon$, ce qui est bien cohérent avec le résultat de la question 3 puisque le rayon spectral de la perturbation est $\varepsilon$. En revanche, les vecteurs propres (unitaires) sont $(\cos\frac{1}{\varepsilon}, -\sin\frac{1}{\varepsilon})$ et $(\sin\frac{1}{\varepsilon}, \cos\frac{1}{\varepsilon})$, et n'admettent pas de limite quand $\varepsilon$ tend vers 0.

### Corrigé 24 *(lemmes de Gronwall)*

1) Nous donnons deux démonstrations de ce résultat, la seconde étant plus élégante mais moins facile à généraliser.

*Première approche.* On pose $u(t) = \alpha + \int_0^t \beta(s)\phi(s)ds$. Cette fonction $u$ est dérivable et $u'(t) = \beta(t)\phi(t) \leqslant \beta(t)u(t)$, se qui se réécrit

$$\left[ u(t) \exp\left( -\int_0^t \beta(s)ds \right) \right]' \leqslant 0.$$

Par conséquent, $u(t) \exp\left( -\int_0^t \beta(s)ds \right) \leqslant u(0) = \alpha$, ce qui donne

$$u(t) \leqslant \alpha \exp\left( \int_0^t \beta(s)ds \right).$$

Comme $\phi(t) \leqslant u(t)$, ceci implique que $\phi(t) \leqslant \alpha \exp\left( \int_0^t \beta(s)ds \right)$.

*Deuxième approche.* On multiplie à gauche et à droite par $\beta(t)$. Le réel $\alpha$ étant strictement positif, on peut écrire

$$\frac{\beta(t)\phi(t)}{\alpha + \int_0^t \beta(s)\phi(s)ds} \leqslant \beta(t).$$

Ceci s'intègre facilement en

$$\ln\left( \alpha + \int_0^t \beta(s)\phi(s)ds \right) \leqslant \ln\alpha + \int_0^t \beta(s)ds.$$

La fonction exponentielle étant croissante, on peut alors affirmer que

$$\alpha + \int_0^t \beta(s)\phi(s)ds \leqslant \alpha \exp\left( \int_0^t \beta(s)ds \right)$$

et donc $\phi(t) \leqslant \alpha \exp\left( \int_0^t \beta(s)ds \right)$.

2) • A nouveau, au vu du résultat à obtenir, on pose $\psi(t) = t^a\phi(t)$. On trouve alors

$$\psi(t) \leqslant \alpha + t^a \int_0^t (t - s)^{-b} s^{-a} \beta(s)\psi(s)ds$$

pour tout $t \in [0, T]$. Il y a *a priori* un problème en $s = 0$ et en $s = t$. On découpe l'intégrale au niveau de $(1 - \varepsilon)t$.

• En définissant $\theta(t) = \sup_{s \in [0,t]} \psi(s)$, on a d'une part

$$t^a \int_{(1-\varepsilon)t}^{t} (t-s)^{-b} s^{-a} \beta(s) \psi(s) ds \leqslant t^a \theta(t)(1-\varepsilon)^{-a} t^{-a} \int_{(1-\varepsilon)t}^{t} (t-s)^{-b} \beta(s) ds,$$

et

$$\int_{(1-\varepsilon)t}^{t} (t-s)^{-b} \beta(s) ds \leqslant \|\beta\|_\infty \int_{(1-\varepsilon)t}^{t} (t-s)^{-b} ds$$

$$\leqslant \|\beta\|_\infty \int_{0}^{\varepsilon t} s^{-b} ds \leqslant \frac{(\varepsilon T)^{1-b}}{1-b} \|\beta\|_\infty.$$

D'autre part,

$$t^a \int_{0}^{(1-\varepsilon)t} (t-s)^{-b} s^{-a} \beta(s) \psi(s) ds \leqslant t^{a-b} \varepsilon^{-b} \int_{0}^{(1-\varepsilon)t} s^{-a} \beta(s) \psi(s) ds.$$

• On choisit $\varepsilon$ suffisamment petit pour que $(1-\varepsilon)^{-a} \dfrac{(\varepsilon T)^{1-b}}{1-b} \|\beta\|_\infty \leqslant \dfrac{1}{2}$. En regroupant les estimations ci-dessus, on a alors

$$\forall t \in ]0,T], \qquad \psi(t) \leqslant \alpha + \frac{1}{2}\theta(t) + t^{a-b} \varepsilon^{-b} \int_{0}^{(1-\varepsilon)t} s^{-a} \beta(s) \psi(s) ds.$$

En passant au sup pour $t \in ]0,r]$ à droite puis à gauche et en soustrayant $\dfrac{1}{2}\theta(r)$, on obtient

$$\frac{1}{2}\theta(r) \leqslant \alpha + r^{a-b} \varepsilon^{-b} \int_{0}^{(1-\varepsilon)r} s^{-a} \beta(s) \theta(s) ds,$$

et par suite

$$\forall r \in [0,T[, \qquad \theta(r) \leqslant 2\alpha + A \int_{0}^{r} s^{-a} \beta(s) \theta(s) ds,$$

où $A = 2T^{a-b} \varepsilon^{-b}$ est une constante indépendante de $\alpha$.

• Enfin, $\theta$ est continue et $s^{-a}\beta(s)$ est continue en $t$. Le fait qu'elle ne soit qu'intégrable en 0 n'influe pas sur le calcul de la dérivée en $t$ effectué à la question 1. Finalement, d'après cette même question,

$$\theta(t) \leqslant 2\alpha \exp\left( A \int_{0}^{t} s^{-a} \beta(s) ds \right),$$

d'où le résultat demandé avec $C = 2\exp\left( A \int_{0}^{T} s^{-a} \beta(s) ds \right)$.

**Commentaire.** Le problème C du livre de J.-M. Ghidaglia, *Petits problè-mes d'analyse*, Springer (1999) est un exemple typique d'utilisation du lemme de Gronwall qualifié ici de classique. Il s'agit d'une démonstration d'existence et d'unicité de solutions d'équations différentielles par méthode de point fixe. Le lemme singulier présenté ici est une adaptation de celui de T. Cazenave et A. Haraux dans *Introduction aux problèmes d'évolution semi-linéaires*, Ellipses (1990) et dont l'application est l'analyse d'équations aux dérivées partielles dont l'opérateur linéaire est singulier.

Le même genre de majoration est également utilisé pour des suites. Par exemple une suite de réels positifs $(u_k)_{k\in\mathbb{N}}$ qui vérifie que $u_{k+1} \leqslant a+(1+b)u_k$ où $a \geqslant 0$ et $b > 0$, vérifie aussi que $u_k \leqslant u_0 e^{kb} + \frac{e^{kb}-1}{b}a$. Un tel résultat se montre par récurrence. Il est utilisé pour la preuve de convergence de méthodes numériques de résolution d'équations différentielles, comme par exemple la méthode d'Euler. Le lien entre ce résultat et le lemme de Gronwall de l'énoncé est le suivant : la fonction $\psi(t) = \int_0^t \beta(s)\phi(s)ds$, qui est bien dérivable, vérifie l'inégalité (semblable à celle pour $u$) $\psi'(t) \leqslant \alpha + \beta(t)\psi(t)$ et la conclusion est, après intégration, $\psi(t) \leqslant \alpha \left( \exp\left( \int_0^t \beta(s)ds \right) - 1 \right)$. La version discrète a pour hypothèse $\frac{u_{k+1}-u_k}{1} \leqslant a + bu_k$. Si on considère que $u_k$ approche $\psi(k)$, la quantité $\frac{u_{k+1}-u_k}{1}$ est une discrétisation (grossière) de la dérivée en temps de $\psi$ (cf. le problème) et les résultats sont comparables pour $\beta$ constant et $u_0 = 0$.

---

## Corrigé 25 *(théorème de la phase stationnaire)*

1) • L'ordre $N = 0$ s'obtient en majorant "brutalement" l'intégrale : la fonction $|\psi|$ étant continue sur l'intervalle compact $[a,b]$, elle y est majorée (mettons par $M$) et $|I(\lambda)| \leqslant M(b-a) = O(1)$.

• Comme $\phi'$ ne s'annule pas, on peut écrire

$$I(\lambda) = \frac{1}{i\lambda} \int_a^b i\lambda\phi'(x)e^{i\lambda\phi(x)} \frac{\psi(x)}{\phi'(x)} \, dx = \frac{i}{\lambda} \int_a^b e^{i\lambda\phi(x)} \left( \frac{\psi(x)}{\phi'(x)} \right)' dx,$$

le terme intégré de cette intégration par partie disparaissant car $\psi$ est nulle en $a$ et $b$. Par ailleurs, $\left( \dfrac{\psi}{\phi'} \right)' = \dfrac{\phi'\psi' - \psi\phi''}{(\phi')^2}$, et cette fonction est également bornée sur $[a,b]$. Ainsi $I(\lambda) = O(\lambda^{-1})$.

• Pour obtenir la relation pour tout $N$, il suffit de remarquer que la fonction $\tilde{\psi} = \left( \dfrac{\psi}{\phi'} \right)'$ vérifie les mêmes propriétés que $\psi$. On peut ainsi écrire $I(\lambda)$ sous la forme $I(\lambda) = \dfrac{i}{\lambda} \int_a^b e^{i\lambda\phi(x)} \tilde{\psi}(x) \, dx$ et itérer le processus ci-dessus le nombre nécessaire de fois pour obtenir un $O(\lambda^{-N})$.

2-a) En intégrant à nouveau par parties,

$$\int_a^b e^{i\lambda\phi(x)}\,dx = \left[\frac{e^{i\lambda\phi(x)}}{i\lambda\phi'(x)}\right]_a^b + \frac{i}{\lambda}\int_a^b e^{i\lambda\phi(x)}\left(\frac{1}{\phi'}\right)'(x)\,dx.$$

On a $\left[\dfrac{e^{i\lambda\phi(x)}}{i\lambda\phi'(x)}\right]_a^b = \dfrac{e^{i\lambda\phi(b)}}{i\lambda\phi'(b)} - \dfrac{e^{i\lambda\phi(a)}}{i\lambda\phi'(a)}$. Par ailleurs, comme $\phi'$ est monotone et ne s'annule pas, $\frac{1}{\phi'}$ est aussi monotone, donc $\left(\frac{1}{\phi'}\right)'$ est de signe constant et

$$\left|\int_a^b e^{i\lambda\phi(x)}\left(\frac{1}{\phi'}\right)'(x)\,dx\right| \leqslant \int_a^b\left|\left(\frac{1}{\phi'}\right)'(x)\right|\,dx = \left|\int_a^b\left(\frac{1}{\phi'}\right)'(x)\,dx\right|$$

$$= \left|\frac{1}{\phi'(b)} - \frac{1}{\phi'(a)}\right|.$$

Par conséquent, $\left|\displaystyle\int_a^b e^{i\lambda\phi(x)}\,dx\right| \leqslant \dfrac{4}{\lambda}$ et on peut choisir $c_1 = 4$.

2-b) On effectue un raisonnement par récurrence sur $k$. On suppose que la relation est vraie à l'ordre $k$ et que $|\phi^{(k+1)}| \geqslant 1$. Modulo un passage au complexe conjugué dans l'intégrale, on peut supposer que $\phi^{(k+1)} \geqslant 1$. Pour pouvoir appliquer l'hypothèse de récurrence, il faut contrôler le module de $\phi^{(k)}$. Soit $c \in [a,b]$ réalisant le minimum de $|\phi^{(k)}(x)|$. Sur $[a,b]\backslash]c-\delta, c+\delta[$ ($\delta$ étant quelconque à ce stade du raisonnement), on a $|\phi^{(k)}(x)| \geqslant \delta$ (et $\phi'$ monotone si $k=1$), donc en appliquant l'hypothèse de récurrence à $\phi/\delta$ on obtient

$$\left|\int_{[a,b]\cap]-\infty,c-\delta]} e^{i\lambda\phi(x)}\,dx\right| \leqslant c_k(\lambda\delta)^{-1/k},$$

$$\left|\int_{[a,b]\cap[c+\delta,+\infty[} e^{i\lambda\phi(x)}\,dx\right| \leqslant c_k(\lambda\delta)^{-1/k},$$

$$\left|\int_{[a,b]\cap[c-\delta,c+\delta]} e^{i\lambda\phi(x)}\,dx\right| \leqslant 2\delta.$$

Ainsi, $\left|\displaystyle\int_a^b e^{i\lambda\phi(x)}\,dx\right| \leqslant 2c_k(\lambda\delta)^{-1/k} + 2\delta$. Il suffit maintenant de choisir $\delta$ de façon à obtenir une constante universelle $c_{k+1}$ telle que

$$c_{k+1}\lambda^{-1/(k+1)} = 2c_k(\lambda\delta)^{-1/k} + 2\delta.$$

En multipliant cette égalité par $\lambda^{1/(k+1)}$, on obtient

$$c_{k+1} = 2c_k\left(\delta\lambda^{1/(k+1)}\right)^{-1/k} + 2\delta\lambda^{1/(k+1)}.$$

On voit alors que le choix $\delta = \lambda^{-1/(k+1)}$ s'impose naturellement, et conduit à l'inégalité voulue avec $c_{k+1} = 2c_k + 2$.

3) En écrivant $\psi(y) = \psi(b) - \int_x^b \psi'(y)dy$, on obtient

$$I(\lambda) = \psi(b) \int_a^b e^{i\lambda\phi(x)}\,dx - \int_a^b e^{i\lambda\phi(x)} \int_x^b \psi'(y)\,dydx,$$

soit après changement de variable dans le deuxième terme,

$$I(\lambda) = \psi(b) \int_a^b e^{i\lambda\phi(x)}dx + \int_a^b \psi'(y)\left[\int_a^y e^{i\lambda\phi(x)}\,dx\right]dy.$$

En utilisant les résultats de la question 2, on en déduit donc que

$$|I(\lambda)| \;\leqslant\; |\psi(b)|\left|\int_a^b e^{i\lambda\phi(x)}\right| + \int_a^b |\psi'(y)|\left|\int_a^y e^{i\lambda\phi(x)}\,dx\right|dy$$

$$\leqslant\; c_k\lambda^{-1/k}|\psi(b)| + c_k\lambda^{-1/k}\int_a^b |\psi'(y)|dy.$$

**Commentaire.** Contrairement à ce que laisse augurer le titre de cet exercice, les résultats présentés ici sont plutôt des résultats de phase instationnaire. En effet, on dit que la phase $\phi$ est stationnaire si sa dérivée s'annule en un point. Intuitivement, lorsque $\lambda$ tend vers l'infini et que la phase n'est pas stationnaire, la fonction $\psi$ est moyennée de plus en plus localement par une fonction de moyenne nulle et la limite est donc nulle. C'est l'objet de la première question qui montre que cette convergence est très rapide. Par ailleurs, la question 2 donne un taux de convergence (inégalités de van der Corput) lorsque l'on est capable de trouver une dérivée *k*ième de la phase qui ne s'annule pas, ce taux étant d'autant plus mauvais que $k$ est élevé. A titre d'exemple de théorème de phase stationnaire, on peut donner l'énoncé suivant (dont la preuve dépasse le cadre du programme). On suppose qu'il existe $k \geqslant 2$ tel que $\phi(x_0) = \phi'(x_0) = \cdots = \phi^{(k-1)}(x_0) = 0$ mais $\phi^{(k)}(x_0) \neq 0$. Alors si $\psi \in \mathbb{C}^\infty(\mathbb{R})$ est à support dans un voisinage suffisamment petit de $x_0$, on a

$$I(\lambda) \simeq \lambda^{-1/k} \sum_{j=0}^{\infty} a_j \lambda^{-j/k},$$

au sens où pour tous entiers $r$ et $N$,

$$\frac{d^r}{d\lambda^r}\left(I(\lambda) - \lambda^{-1/k}\sum_{j=0}^{N} a_j \lambda^{-j/k}\right) = \underset{|\lambda|\to\infty}{O}\left(\lambda^{-r-(N+2)/k}\right).$$

Pour plus de détails, nous renvoyons à l'article de E.M. Stein, "Oscillatory Integrals in Fourier Analysis", *Beijing Lectures in Harmonic Analysis*, Princeton University Press (1984).

---

## Corrigé 26 *(méthode de Monte-Carlo)*

Dans toute la suite nous noterons

$$I_n(f) = \frac{1}{n} \sum_{k=1}^{n} f(x_k).$$

Nous allons montrer l'équivalence des trois propriétés grâce aux trois implications (i)⇒(ii)⇒(iii)⇒(i).

• (i)⇒(ii) Si $f$ est la la fonction indicatrice d'un intervalle $[a,b]$ de $[0,1]$, alors

$$I_n(f) = \frac{1}{n}\mathrm{Card}\left\{k \in \{1,...,n\},\ x_k \in [a,b]\right\} \xrightarrow[n\to+\infty]{} b-a = \int_0^1 f(x)dx,$$

donc (ii) est bien vérifiée. Par linéarité, on en déduit que (ii) est encore vraie lorsque $f$ est une combinaison linéaire de telles fonctions (c'est-à-dire une fonction en escalier). Enfin, si $f \in \mathcal{C}^0([0,1],\mathbb{R})$, pour tout $\varepsilon > 0$, on peut trouver une fonction $g$ en escalier telle que $\|f-g\|_\infty \leqslant \varepsilon/3$. Au vu de ce qui précède, on a aussi, pour $n$ assez grand, $\left|I_n(g) - \int_0^1 g(x)dx\right| \leqslant \frac{\varepsilon}{3}$. On conclut alors sans difficulté avec l'inégalité triangulaire :

$$
\begin{aligned}
\left|I_n(f) - \int_0^1 f\right| &\leqslant\ \left|I_n(f) - I_n(g)\right| + \left|I_n(g) - \int_0^1 g\right| + \left|\int_0^1 g - f\right| \\
&\leqslant\ \|f-g\|_\infty + \frac{\varepsilon}{3} + \|f-g\|_\infty \\
&\leqslant\ \varepsilon.
\end{aligned}
$$

On a donc bien montré la propriété (ii) pour toute fonction $f$ continue sur $[0,1]$.

• (ii)⇒(iii) On applique le (ii) à $f(x) = e^{2i\pi px}$ (en séparant partie réelle et partie imaginaire puisque les fonctions du (ii) sont à valeurs réelles), pour obtenir

$$\frac{1}{n} \sum_{k=1}^{n} e^{2i\pi p x_k} \xrightarrow[n\to+\infty]{} \int_0^1 e^{2i\pi px}dx = 0,$$

ce qui est exactement la propriété (iii).

• Pour la dernière implication (iii)⇒(i), on va procéder en deux étapes en passant par une version légèrement plus faible du (ii), à savoir (ii′)     $\forall f \in \mathcal{C}^0([0,1], \mathbb{R}), \qquad f(0) = f(1) \quad \Rightarrow \quad I_n(f) \underset{n \to +\infty}{\longrightarrow} \int_0^1 f(x)dx.$

(iii)$\Rightarrow$ (ii′) Si $f$ est continue sur $[0,1]$ et vérifie $f(0) = f(1)$, alors pour tout $\varepsilon > 0$, on peut, grâce au théorème de Weierstrass trigonométrique, trouver un polynôme trigonométrique de la forme

$$P(x) = \sum_{p=-N}^{N} a_k e^{2i\pi px}$$

et tel que $\|f - P\|_\infty \leqslant \varepsilon/3$. Comme d'après le (iii),

$$I_n(P) - a_0 \underset{n \to +\infty}{\longrightarrow} 0 \quad \text{et} \quad a_0 = \int_0^1 P(x)dx,$$

on a, pour $n$ assez grand, $\left| I_n(P) - \int_0^1 P(x)dx \right| \leqslant \frac{\varepsilon}{3}$, et l'on conclut par le même type d'inégalité triangulaire qu'au (i)$\Rightarrow$(ii) que $\left| I_n(f) - \int_0^1 f(x)dx \right| \leqslant \varepsilon$.

(ii′) $\Rightarrow$(i) Considérons $a$ et $b$ dans $[0,1]$ avec $a \leqslant b$. Si $b - a = 1$, alors la propriété (i) est clairement vérifiée. Sinon, on considère pour $\varepsilon < (1 - b + a)/2$ l'unique fonction $f_1$, 1-périodique et affine par morceaux, définie à partir des interpolations $f_1(a - \varepsilon) = f_1(b + \varepsilon) = 0$ et $f_1(a) = f_1(b) = 1$. D'après (ii′), pour $n$ assez grand on a $I_n(f_1) \leqslant \int_0^1 f_1(x)dx + \varepsilon$, d'où l'on déduit que

$$C_n(a,b) := \frac{1}{n} \text{Card} \left\{ m \in \{1, ..., n\}, \; x_m \in [a, b[ \right\} \leqslant I_n(f_1) \leqslant b - a + 2\varepsilon.$$

En procédant de même avec la fonction $f_2$ affine par morceaux définie par les interpolations $f(a) = f(b) = 0$ et $f(a + \varepsilon) = f(b - \varepsilon) = 1$, on montre aussi que $C_n(a,b) \geqslant b - a - 2\varepsilon$ pour $n$ assez grand. En conclusion,

$$\exists n_0, \; \forall n \geqslant n_0, \quad |C_n(a,b) - (b - a)| \leqslant \varepsilon,$$

ce qui par définition est la propriété (i). Au passage, on peut noter que cette démonstration reste valable si $f$ est seulement continue par morceaux.

**Commentaire.** La méthode de Monte-Carlo est due à Nicholas Metropolis et Stanislaw Ulam. Elle est fondée sur le principe d'une approche probabiliste (avec, de façon sous-jacente, des tirages aléatoires) pour calculer des quantités parfaitement déterministes. Outre la physique statistique, où son utilisation est bien légitime, elle est surtout utilisée en mathématiques pour le calcul d'intégrales multiples. En effet, sa force réside dans le fait que l'erreur commise ne dépend quasiment pas du nombre de variables, ce qui permet de rompre la "malédiction de la dimension" pour les problèmes à grand nombre de variables. Pour être un peu plus précis, la méthode de Monte-Carlo permet de calculer l'intégrale multiple d'une fonction continue de $N$ variables à une précision de $\varepsilon$ en à peu près $1/\varepsilon^2$ opérations, contre $1/\varepsilon^N$ pour une méthode déterministe (méthode des rectangles par exemple) si la fonction est seulement continue. Ceci résulte du fait que si $(X_k)$ une suite de variables aléatoires indépendantes distribuées selon la loi uniforme sur $[0,1]^N$, alors la variable aléatoire

$$\int_0^1 \cdots \int_0^1 f(y_1, ..., y_N)\, dy_1 ... dy_N \; - \; \frac{1}{n} \sum_{k=1}^n f(X_k)$$

est de moyenne nulle et de variance $\frac{D(f)}{n}$, où $D(f) = \int_0^1 \cdots \int_0^1 f^2 - (\int_0^1 \cdots \int_0^1 f)^2$. L'inégalité de Tchebychev permet alors d'affirmer que la majoration

$$\left| \int_0^1 \cdots \int_0^1 f(y_1, ..., y_N)\, dy_1 ... dy_N \; - \; \frac{1}{n} \sum_{k=1}^n f(X_k) \right| \leqslant \sqrt{\frac{D(f)}{\mu n}}$$

est vérifiée avec une probabilité $1-\mu$. Pour des fonctions plus régulières, l'avantage oscille entre des méthodes probabilistes et des méthodes déterministes en fonction du rapport entre la dimension de l'espace et la régularité de la fonction à intégrer (un résultat montré par Novak en 1988).

Dans cet exercice, l'absence de probabilités en classes préparatoires nous a conduit à choisir une présentation déterministe de la méthode, fondée sur trois définitions équivalentes de la notion d'équirépartition de points dans un segment. La propriété (i) est la définition d'une suite $(x_k)$ équirépartie dans $[0,1]$, dont le pendant probabiliste serait la notion de mesure de probabilité à densité constante (les $x_k$ étant vus comme les réalisations successives d'une variable aléatoire $X$).

La propriété (ii) implique que $\frac{1}{n} \sum_{k=1}^n \delta_{x_k}$ tend vers la fonction 1 au sens des distributions ($\delta_x$ désigne ici la distribution de Dirac en $x$, définie par $< \delta_x, \varphi >= \varphi(x)$ pour toute fonction $\varphi$ à support compact et de classe $\mathcal{C}^\infty$ sur $\mathbb{R}$, en prolongement du produit scalaire usuel $< f, g >= \int_{-\infty}^{+\infty} fg$). C'est cette propriété, facilement généralisable au cas où $f$ est une fonction réelle continue définie sur $[0,1]^N$ et $(x_k)$ une suite équirépartie dans $[0,1]^N$, qui traduit la convergence de la méthode de Monte-Carlo. On peut estimer la vitesse de convergence dans le cas déterministe en fonction des propriétés de $f$ et de la suite $(x_k)$. Par exemple, si $f$ est une fonction à variation bornée (voir le commentaire de l'exercice 12) sur $[0,1]^N$, alors

$$\left| \int_0^1 \cdots \int_0^1 f(y_1, ..., y_N)\, dy_1 ... dy_N \; - \; \frac{1}{n} \sum_{k=1}^n f(x_k) \right| \leqslant V(f)\, \Delta(x_1, ..., x_n),$$

où $V(f)$ est la variation totale de $f$ (i.e. l'intégrale de $\|\nabla f\|$) et

$$\Delta(x_1, ..., x_n) = \sup_{0 \leqslant y_1, ..., y_N \leqslant 1} \left| \frac{\operatorname{Card}\{k \in \{1, ..., n\},\ \forall i, (x_k)_i \leqslant y_i\}}{n} - y_1 y_2 ... y_N \right|.$$

Trouver des familles $(x_k)$ pour lesquelles $\Delta(x_1, ..., x_n)$ est faible (c'est-à-dire telles que les $(x_k)$ sont répartis le plus uniformément possible sur le cube unité) est alors un problème délicat qui peut être abordé par des méthodes issues de la théorie analytique des nombres.

La propriété (iii), appelée critère de Weyl, donne une caractérisation très utile en pratique des suites équiréparties. Pour donner un exemple, la suite $x_k = k\theta - E(k\theta)$, où $E(\cdot)$ désigne la partie entière et $\theta$ est un nombre irrationnel, est équirépartie dans $[0, 1]$ puisque

$$\forall p \in \mathbb{Z}^*, \quad \left| \frac{1}{n} \sum_{k=1}^{n} e^{2i\pi p x_k} \right| = \left| \frac{1}{n} \sum_{k=1}^{n} e^{2i\pi p k\theta} \right| \leqslant \frac{2}{n|\sin(\pi p \theta)|} \xrightarrow[n \to +\infty]{} 0.$$

Cette propriété d'equirépartition est même vérifiée par toute suite de la forme $x_k = P(k) - E(P(k))$, où $P$ est un polynôme dont l'un des coefficients au moins (autre que le terme constant) est irrationnel. L'estimation de sommes trigonométriques de type (iii) joue un rôle fondamental en théorie analytique des nombres. Par exemple, le problème de Waring (trouver, pour tout entier $p$, l'entier $s(p)$ minimal tel que tout entier puisse s'écrire comme somme de $s(p)$ puissances $p$-ièmes de nombre entiers) est lié à l'estimation asymptotique des sommes partielles de la série $\sum_{k \geqslant 1} e^{2i\pi k^p x}$. A ce sujet, voir R. Ayoub, *An introduction to the Analytic Theory of Numbers*, American Mathematical Society (1963).

Pour une description de la méthode de Monte-Carlo, on pourra consulter, par exemple, N. Bakhvalov, *Méthodes Numériques*, éditions MIR (1973). En ce qui concerne l'approche déterministe, voir *Applications of Number Theory to Numerical Analysis*, de Hua Loo Keng et Wang Yuan, chez Springer (1981). Enfin, signalons l'exposé général de J. Traub et H. Wozniakowski sur l'intérêt des méthodes aléatoires dans "Les problèmes à grand nombre de variables", *Pour La Science* n° 197, mars 1994.

---

*Corrigé 27 (le problème des petits diviseurs)*

1) Remarquons tout d'abord que puisque $\pi$ est irrationnel, $\sin n$ ne s'annule pas, donc la suite est bien définie pour tout $n$. De plus, la suite $(\sin n)$ ne peut pas tendre vers 0 (et même ne peut pas avoir de limite). Pour le prouver, on peut soit invoquer la densité de $\mathbb{Z} + \pi\mathbb{Z}$ dans $\mathbb{R}$, qui résulte de l'irrationalité de $\pi$ et implique la densité de $\{\sin n, \ n \in \mathbb{N}\}$ dans $[-1, 1]$, soit raisonner par l'absurde en passant à la limite dans l'égalité $\sin(n+1) = \sin n \cos 1 + \sin 1 \cos n$ pour aboutir à la contradiction $0 = 0 + \sin 1 \cdot \sqrt{1 - 0^2}$. Du fait que $\sin n$ ne tend pas vers 0, on déduit immédiatement que si $1/(n \sin n)$ a une limite quand $n \to +\infty$, ce ne peut être que 0.

De façon générale, pour étudier le comportement à l'infini d'une suite de type $(\sin u_n)$, il est naturel d'écrire $u_n = k_n\pi + \varepsilon_n$ avec $k_n \in \mathbb{Z}$ et $|\varepsilon_n| \leqslant \pi/2$. En effet, on sait alors que $|\sin u_n|$ est de l'ordre de $|\varepsilon_n|$, en raison de l'inégalité $2|x|/\pi \leqslant |\sin x| \leqslant |x|$, valable pour $|x| \leqslant \pi/2$. Ici, on voit que la convergence éventuelle de $1/(n\sin n)$ vers 0 va dépendre de la précision à laquelle des entiers $n$ se rapprochent de multiples de $\pi$. Supposons l'indication de l'énoncé montrée, alors il existe une suite $(p_n, q_n) \in \mathbb{Z} \times \mathbb{N}^*$ avec $q_n \to +\infty$ telle que

$$\left| \frac{1}{\pi} - \frac{p_n}{q_n} \right| \leqslant \frac{1}{q_n^2},$$

ce qui signifie intuitivement que l'entier $q_n$ approche un multiple entier de $\pi$ à $\pi/q_n$ près. On a alors $q_n|\sin q_n| = q_n|\sin(q_n - p_n\pi)|$ avec $|q_n - p_n\pi| \leqslant \pi/q_n$, et en utilisant l'inégalité $|\sin x| \leqslant |x|$, on obtient

$$\left| \frac{1}{q_n \sin q_n} \right| \geqslant \frac{1}{\pi}.$$

Le terme de gauche ne peut donc converger vers 0.

*Conclusion*: la suite $\left( \dfrac{1}{n\sin n} \right)$ diverge.

Il faut maintenant montrer l'indication. Si $x$ est rationnel, c'est évident, donc considérons le cas où $x$ est irrationnel. Nous allons voir qu'alors la propriété demandée est une application directe du "principe des tiroirs". Soit un entier $n$. Pour tout entier $k \in \{0, 1, ..., n\}$ on peut décomposer le réel $kx$ comme somme de sa partie entière et de sa partie fractionnaire, soit avec les notations habituelles

$$kx = E(kx) + \{kx\}.$$

Parmi les $n + 1$ réels $\{kx\}$ de l'intervalle $[0, 1[$, il en existe deux distants de moins de $1/n$ (principe des tiroirs), c'est-à-dire

$$\exists (k_1, k_2) \in \{0, 1, ..., n\}^2, \qquad k_1 > k_2 \quad \text{et} \quad \left| \{k_1 x\} - \{k_2 x\} \right| \leqslant \frac{1}{n}.$$

En posant alors $q_n = k_1 - k_2$ et $p_n = E(k_1 x) - E(k_2 x)$, on obtient

$$\left| x - \frac{p_n}{q_n} \right| = \left| \frac{q_n x - p_n}{q_n} \right| = \left| \frac{\{k_1 x\} - \{k_2 x\}}{q_n} \right| \leqslant \frac{1}{nq_n} \leqslant \frac{1}{q_n^2},$$

ce qui prouve que l'ensemble

$$\left\{ (p, q) \in \mathbb{Z} \times \mathbb{N}^*, \quad \left| x - \frac{p}{q} \right| \leqslant \frac{1}{q^2} \right\}$$

est non vide. Supposons que cet ensemble soit fini. Alors, la suite $(p_n, q_n)$ ne prend qu'un nombre fini de valeurs et donc reste bornée. On peut donc en extraire une suite constante $(p_{\varphi(n)}, q_{\varphi(n)})$, et par passage à la limite dans

$$\left| x - \frac{p_{\varphi(n)}}{q_{\varphi(n)}} \right| \leqslant \frac{1}{\varphi(n)q_{\varphi(n)}},$$

on obtient alors $x$ rationnel, ce qui est une contradiction.

2) D'après ce qui précède, on voit que le réel $\alpha$ devra être irrationnel (pour que les $\sin(\pi\alpha n)$ ne s'annulent pas) et particulièrement bien approché par des rationnels (pour que les suites divergent). Plus exactement, on est capable de faire la même démonstration qu'à la question 1 si l'ensemble

$$E_s(\alpha) = \left\{ (p,q) \in \mathbb{Z} \times \mathbb{N}^*, \quad \left| \alpha - \frac{p}{q} \right| \leqslant \frac{1}{q^{s+1}} \right\} \tag{1}$$

est infini pour tout $s > 0$. Posons, pour tout entier $N$, $p_N = \displaystyle\sum_{n=0}^{N} 10^{-\lambda_n}$ et $q_N = 10^{-\lambda_N}$. Alors,

$$
\begin{aligned}
\left| \alpha - \frac{p_N}{q_N} \right| &= 10^{\lambda_N} \sum_{n=N+1}^{\infty} 10^{-\lambda_n} \\
&\leqslant 10^{\lambda_N} \sum_{n=0}^{\infty} 10^{-\lambda_{N+1}-n} \\
&\leqslant \frac{10}{9} 10^{\lambda_N - \lambda_{N+1}} \\
&\leqslant \frac{10}{9} q_N^{1-\lambda_{N+1}/\lambda_N}.
\end{aligned}
$$

On peut donc affirmer que si la suite $(\lambda_n)$ est telle que $\lambda_{n+1}/\lambda_n$ n'est pas bornée, alors $E_s(\alpha)$ est infini pour tout $s > 0$, puisque l'on peut alors trouver une infinité d'entiers $N$ tels que $1 - \lambda_{N+1}/\lambda_N \leqslant -(s+1)$. Par une démonstration identique à celle de la question 1, on a alors, pour ces entiers $N$,

$$|\sin(\pi\alpha q_N)| = |\sin(p_N\pi - \pi\alpha q_N)| \quad \text{avec} \quad |p_N - \alpha q_N| \leqslant q_N^{-s}.$$

Ainsi,

$$\left| \frac{1}{q_N^s \sin(\pi\alpha q_N)} \right| \geqslant \frac{1}{\pi},$$

et par conséquent la suite $\left( \dfrac{1}{n^s \sin(\pi\alpha n)} \right)$ diverge.

Enfin, on peut aussi affirmer que $\alpha^{-1}$ (et donc $\alpha$) est irrationnel puisque par construction son développement décimal ne peut être périodique à partir d'un certain rang. La suite est donc bien définie pour tout $n$.

*Conclusion* : la condition "$\lambda_{n+1}/\lambda_n$ non bornée" est suffisante.

3) Supposons que l'équation

$$\psi(x + \alpha) - \psi(x) = \phi(x) \tag{2}$$

admette une solution $\psi$ continue et 1-périodique. Alors, si l'on calcule les séries de Fourier de $\psi$ et $\phi$, on a

$$\forall n \in \mathbb{Z}, \quad c_n(\psi)\left(e^{2i\pi\alpha n} - 1\right) = c_n(\phi),$$

où $c_n(\cdot)$ désigne le coefficient de Fourier d'indice $n$. Pour $n = 0$, il n'y a pas de contradiction car si $\phi$ est de moyenne nulle on a bien $c_n(\phi) = 0$. D'autre part, si $\alpha$ est irrationnel, le terme en facteur de $c_n(\psi)$ ne s'annule jamais pour $n \neq 0$ et

$$\forall n \in \mathbb{Z}^*, \quad |c_n(\psi)| = \frac{|c_n(\phi)|}{2|\sin(\pi\alpha n)|}. \tag{3}$$

Le lien avec la question précédente apparaît donc clairement ici : définissons $\alpha$ à partir d'une suite $(\lambda_n)$ satisfaisant les conditions établies dans la question 2 et posons

$$\phi(x) = \sum_{n=1}^{\infty} \frac{e^{2i\pi n x}}{n^{p+2}}.$$

Alors $\phi$ est 1-périodique, de moyenne nulle et de classe $\mathcal{C}^p$ car pour tout $k \in \{0, ..., p\}$, il y a convergence normale de la série

$$\sum (2i\pi)^k \frac{e^{2i\pi n x}}{n^{p-k+2}}.$$

De plus, en raison de la convergence normale de la série définissant $\phi$, on a $c_n(\phi) = 0$ pour $n \leqslant 0$ et $c_n(\phi) = n^{-(p+2)}$ pour $n \geqslant 1$. Par conséquent, si $\psi$ est une solution de (2), alors d'après (3) on a $c_n(\psi) = 0$ pour tout $n$ négatif ou nul, et

$$\forall n \in \mathbb{N}^*, \quad |c_n(\psi)| = \frac{1}{2n^{p+2}|\sin(\pi\alpha n)|}.$$

Or, si $\psi$ est continue, l'égalité de Parseval implique la convergence de la série $\sum_{n \geqslant 1} |c_n(\psi)|^2$, ce qui est impossible puisque d'après la question 2 le terme général $|c_n(\psi)|^2$ ne tend pas vers 0. Par conséquent, l'équation (2) n'admet aucune solution 1-périodique continue pour les choix de $\alpha$ et $\phi$ décrits ci-dessus.

**Commentaire.** Historiquement, le "problème des petits diviseurs" semble être apparu au XIXe siècle, lorsque nombre de mathématiciens (Lagrange, Laplace, Poisson, Weierstrass, ...) tentèrent de démontrer la stabilité du système solaire à partir des équations de Newton. La résonance observée des mouvements de Saturne et Jupiter, due au fait que les périodes de révolution de ces deux planètes autour du soleil sont dans un rapport très proche de 2/5, posait alors des problèmes sérieux de convergence des séries de Fourier décrivant le mouvement. Il fallut attendre le milieu du XXe siècle pour que le théorème

KAM (Kolmogorov, Arnold, Moser) montre que l'ordre peut apparaître même en l'absence de lois de conservation suffisantes.

D'un point de vue mathématique, l'approche classique consiste en l'étude des difféomorphismes du cercle (identifié à $\mathbb{R}/\mathbb{Z}$). Soit $f$ un homéomorphisme croissant de $\mathbb{R}$ tel que $f(x) - x$ est 1-périodique ($f$ est associée à l'homéomorphisme du cercle $\bar{f} = f \mod 1$). Alors la suite de terme général

$$\frac{1}{n} \left( f^n(x) - x \right)$$

où $f^n$ désigne l'itéré $n$ fois de $f$, converge vers un réel $\alpha(f)$, indépendant de $x$, appelé *nombre de rotation* de $f$. De plus, on peut trouver une fonction $h : \mathbb{R} \to \mathbb{R}$ croissante telle que $h(x) - x$ est 1-périodique et

$$\forall x \in \mathbb{R}, \quad h(f(x)) = h(x) + \alpha(f). \tag{4}$$

Se pose alors la question de la régularité de $h$, liée à la régularité de la distribution statistique des orbites de $\bar{f}$ et à la stabilité topologique du cercle sous l'action de $\bar{f}$. Un théorème dû à Denjoy affirme que si $\bar{f}$ réalise un $C^2$-difféormorphisme du cercle et si $\alpha(f)$ est irrationnel, alors $h$ est bijective, ce qui signifie que $\bar{f}$ est topologiquement conjuguée à la rotation du cercle "d'angle" $\alpha(f)$. L'équation (2) étudiée à la question 3 intervient lorsqu'on linéarise la relation de conjugaison (4) en posant $f(x) = x + \alpha - \phi(x)$, $h(x) = x + \psi(x)$, et en faisant l'approximation $\psi(x + \alpha - \phi(x)) \simeq \psi(x + \alpha)$. Comme le prouve la relation (3), l'existence et la régularité d'une solution $\psi$ de (2) est alors fortement liée à la nature du nombre $\alpha$. Si $\alpha$ est mal approché par des rationnels (par exemple, si $\alpha$ est algébrique), alors on pourra trouver une solution $\psi$ régulière. En revanche, si $\alpha$ est très bien approché par des rationnels, des petits diviseurs apparaissent dans la série de Fourier de $\psi$ et, en général, on ne pourra pas trouver de solution $\psi$, même au sens des distributions. Cependant, comme la plupart des nombres irrationnels sont mal approchés par des rationnels, on doit s'attendre à ce que la régularité l'emporte. C'est bien dans cet esprit que la théorie KAM évoquée plus haut envisage la stabilité de mouvements quasipériodiques.

La question de l'approximation d'un réel par des rationnels avait déjà été étudiée, notamment par Liouville au début du XIXe siècle. Le nombre $\alpha$ construit à la question 2 à partir d'une suite $(\lambda_n)$ telle que $\lambda_{n+1}/\lambda_n$ n'est pas bornée fait partie de l'ensemble des nombres de Liouville,

$$\mathcal{L} = \left\{ x \in \mathbb{R}, \ \forall s, \ \mathrm{Card} E_s(\alpha) = +\infty \right\},$$

où $E_s$ est l'ensemble défini par (1) dans la solution de l'exercice. Historiquement, le nombre $x = \sum_{n \geqslant 0} 10^{-n!}$ fut construit par Liouville comme premier exemple de nombre transcendant. En effet, on peut montrer que si $x$ est algébrique de degré $d$, l'ensemble

$$\left\{ (p, q) \in \mathbb{Z} \times \mathbb{N}^*, \ \left| x - \frac{p}{q} \right| \leqslant \frac{C}{q^d} \right\}$$

est vide pour $C$ assez grand. Pour une référence sur ces questions, on pourra consulter le livre de S. Lang, *Introduction to Diophantine Approximation*, Addison-Wesley (1966).

Pour de plus amples détails sur le problème des petits diviseurs et l'étude des difféomorphismes du cercle, on pourra lire l'article de J.-C. Yoccoz, "An Introduction To Small Divisors Problems", *From Number Theory to Physics*, Waldschmidt et al. editeurs, Springer (1992), ainsi que *Chapitres supplémentaires de la théorie des équations différentielles ordinaires*, de V. Arnold, aux éditions MIR (1980). Pour un aperçu plus général agrémenté de références historiques, voir le numéro hors-série de la revue *Pour La Science* de janvier 1995, intitulé "Le Chaos".

# Chapitre 3
# Indications

## Exercice 1

1) a. Multiplier les deux membres par $\varphi'(x)$ et intégrer entre $0$ et $X$.

b. Minorer $\varphi'(0)$, discuter le signe de $\varphi'$ et intégrer une nouvelle fois pour obtenir l'inégalité voulue.

2) a. Montrer que pour tout $\lambda \geqslant 0$, il existe une unique solution $\varphi_\lambda$ de $(1_\varepsilon)$ sur $[0,1]$ telle que $\varphi(0) = 0$ et $\varphi'(0) = \lambda$.

b. Montrer que $\lambda \mapsto \varphi'_\lambda(x)$ est strictement croissante, puis que $\lambda \mapsto \varphi_\lambda(x)$ l'est aussi, et enfin que $\lambda \mapsto \varphi''_\lambda(x)$ est strictement décroissante. En déduire que $\lambda \mapsto \varphi_\lambda(1)$ est 1-lipschitzienne.

c. Appliquer le théorème des valeurs intermédiaires pour montrer qu'il existe un unique $\lambda$ tel que $\varphi_\lambda(1) = 1$.

## Exercice 2

1) Intégrer par parties puis échanger les rôles de $x$ et $y$.

2) a. Utiliser la question 1 avec $\phi \equiv 1$.

b. Adapter la question 1 pour l'intégrale restante.

c. Utiliser le fait que l'intégrale d'une fonction positive et continue est nulle si et seulement si cette fonction est la fonction identiquement nulle.

3) Etudier l'application $x \mapsto x \ln x$.

## Exercice 3

1) a. Calculer la dérivée de la trace de $\rho$.

b. Résoudre l'équation en diagonalisant $H$ pour montrer le caractère hermitien et la positivité.

2) a. Calculer $\rho^n$ en diagonalisant $H$, et montrer que c'est une matrice hermitienne.

b. Montrer que pour $N = 2$, la matrice $\rho^n$ est positive.

c. Expliquer pourquoi ce n'est pas nécessairement le cas pour $N \geqslant 3$.

## Exercice 4

1) Intégrer l'équation différentielle puis déterminer les constantes en fonction des autres conditions sur $\psi$.

2-a) a. Exprimer $f'(t)$ en utilisant l'équation différentielle vérifiée par $u$.

b. Appliquer l'inégalité de Hölder aux fonctions $F(x) = u(x,t)\psi(x)^{\frac{1}{p}}$ et $G(x) = \psi(x)^{\frac{1}{q}}$ pour un choix convenable de $p$ et $q$.

2-b) a. Poser $T = \sup\{t \in ]0, T(\phi)[ \ / \ f'(t) > 0 \text{ sur } ]0, t[\}$.

b. Montrer que $T < T(\phi)$ aboutit à une contradiction.

c. Introduire le réel $\delta$ tel que $(\alpha - \delta)f(0)^{\varepsilon} = \lambda + \beta$ et montrer l'inégalité fonctionnelle $f'(t) \geqslant \delta f(t)^{1+\varepsilon}$.

d. En déduire que $T(\phi) \leqslant \dfrac{1}{\delta\varepsilon}f(0)^{-\varepsilon}$.

## Exercice 5

1) a. Utiliser le fait que $\rho(u) = O(u^3\rho(u))$ quand $u \to +\infty$.

b. Effectuer le changement de variable $\omega = \dfrac{u}{\sqrt{\lambda}}$ et appliquer le théorème de continuité d'une intégrale à paramètre sous convergence dominée.

2) a. Effectuer un développement de Taylor-Lagrange de $g(x-\omega\sqrt{\lambda})$ et obtenir une double inégalité en utilisant la norme infinie de $g'''$.

b. Multiplier par $\rho(\omega)$ et intégrer en remarquant l'annulation d'un des termes à cause de la parité de $\rho$.

3) a. Appliquer le développement limité obtenu à la question 2 à $g = T_\lambda F(\cdot, s)$.

b. Effectuer un développement de Taylor-Lagrange de $F(x, s+c\lambda)$ à l'ordre deux par rapport à la deuxième variable.

c. Déduire du a. et du b. le choix de $c$ et l'existence d'une constante $C$ telle que pour $\lambda$ et $s$ dans des intervalles bien choisis,

$$\|T_\lambda F(\cdot, s) - F(\cdot, s + c\lambda)\|_\infty \leqslant C\lambda^{3/2}.$$

d. Appliquer cette inégalité à $\lambda = t/n$ et $s = ckt/n$, puis montrer que l'on peut composer des inégalités par $T$.

e. Décomposer $\|T_{t/n}^n f - F(\cdot, ct)\|_\infty$ par inégalités triangulaires répétées de manière à pouvoir sommer les inégalités obtenues au d.

## Exercice 6

1) Ecrire que $(x,t) \mapsto \lambda^{-1}f(\lambda x, g(\lambda)t)$ vérifie (ii) pour identifier $g$.

2) a. En supposant que (P) a une solution unique, utiliser la question 1 pour trouver une équation fonctionnelle vérifiée par $f$.

b. Poser $y(x) = f(x, 1)$ et exprimer $f(X, T)$ en fonction de l'application $y$, $X$ et $T$.

c. Utiliser le b. et (ii) pour déterminer une équation différentielle vérifiée par $y$.

d. Poser $z = y - xy'$ et résoudre l'équation différentielle d'ordre un vérifiée par $z$.

e. En déduire $y$ à l'aide d'une nouvelle quadrature.

3) Penser aux fonctions $h$ autres que $x \mapsto |x|$ qui vérifient $h(\lambda x) = \lambda h(x)$ pour $\lambda > 0$, puis généraliser à $h(\lambda x) = \lambda^a h(x)$.

## Exercice 7

1) a. Etablir que $g(x) = \min_{[x-\lambda, x+\lambda]} f$ est lipschitzienne sur un voisinage à droite de $x = 0$ (distinguer les cas selon que $f$ atteint son minimum sur $[-\lambda, \lambda]$ à l'intérieur ou au bord de l'intervalle).

b. Faire de même sur un voisinage à gauche de 0, puis en déduire la régularité demandée.

c. Calculer $T_\lambda f$ pour $f(x) = x^2$.

2) a. Distinguer le cas $f'(x) \neq 0$ et le cas $f'(x) = 0$.

b. Remarquer que $T_\lambda$ commute avec l'addition de constantes et passe aux inégalités.

3) a. Faire un développement limité de $a$ à l'ordre 2 au voisinage de 0 et identifier $a(\lambda)f(x)$ avec le développement limité de $T_\lambda f$ obtenu à la question 2.

b. Résoudre l'équation différentielle obtenue en remarquant que soit $f'$ est identiquement nulle, soit elle ne s'annule pas sur $\mathbb{R}$.

## Exercice 8

1) Ecrire que $u(x)$ est la borne supérieure de $]-\infty, u(x)[$.

2) Montrer que l'image réciproque par $u$ de tout ouvert de $\mathbb{R}$ est un ouvert de $\mathbb{R}^n$ en le décomposant à partir d'intervalles du type $]-\infty, \lambda[$ et $]\lambda, +\infty[$.

3) a. Utiliser la question 1 pour montrer l'unicité et pour définir $T$.

b. Vérifier que $T$ est bien défini et que $\chi_\lambda(T(u)) = S(\chi_\lambda(u))$ en démontrant la double inclusion.

c. Appliquer $S$ à l'égalité $\chi_\lambda(u) = \bigcup_{i=1}^{\infty} \chi_{\lambda+\frac{1}{i}}(u)$.

4) Ecrire $u(x) - k \leqslant v(x) \leqslant u(x) + k$ et appliquer $T$ à cette double inégalité.

5) Montrer que $\chi_\lambda(u) = \chi_{g(\lambda)}(g(u))$ et utiliser la relation $\chi_\lambda(T(u)) = S(\chi_\lambda(u))$.

## Exercice 9

1) a. Montrer que l'application $x \mapsto \mathrm{dist}(x, C)$ est 1-lipschitzienne.

b. Montrer qu'il existe $\pi_C(x) \in C$ tel que $\mathrm{dist}(x, C) = \mathrm{dist}(x, \pi_C(x))$, puis vérifier que $\mathrm{dist}\big(\lambda x + (1-\lambda)y, \lambda\pi_C(x) + (1-\lambda)\pi_C(y)\big)$ pour prouver la convexité de $C(r)$.

c. Pour montrer que $D(s) \subset C(r+s)$, introduire le point $\pi_D(x)$ entre $x$ et $\pi_C \circ \pi_D(x)$.

d. Pour montrer que $C(r+s) \subset D(s)$, introduire le point

$$\left(1 - \frac{s}{r+s}\right) x + \frac{s}{r+s}\pi_C(x).$$

2) a. Montrer que si $x \in \partial C(r)$, alors $\mathrm{dist}(x, C) = r$ et que si $\pi_C(x) = \Gamma(t)$, alors $\Gamma'(t) \cdot (x - \pi_C(x)) = 0$.

b. Réciproquement, montrer que si dist$(x, C) = r$, alors tout voisinage de $x$ contient des points dont la distance à $C$ est strictement supérieure à $r$.

3) a. Montrer que l'on peut se ramener au cas où $t$ est un paramétrage par abscisse curviligne, de classe $\mathcal{C}^2$.

b. Utiliser la relation $\operatorname{Per}(C(r)) = \oint \left\| \dfrac{d}{dt}(\Gamma(t) - rN(t)) \right\| dt$.

c. Montrer que $\oint \kappa(t)dt = 2\pi$.

d. Pour calculer $\oint \det\big(\Gamma(t), \kappa(t)T(t)\big)dt$, utiliser une intégration par parties.

## Exercice 10

1) a. Calculer $A(\delta)$, l'aire de la région bornée délimitée par le graphe de $f$ et la fonction affine qui interpole $f$ entre $x - \delta$ et $x + \delta$.

b. Appliquer le théorème des valeurs intermédiaires à $A$.

c. Pour montrer que $\Delta_\lambda$ est $\mathcal{C}^2$, appliquer le théorème des fonctions implicites.

2) Effectuer un développement limité de $A(\delta)$ puis en déduire un développement limité de $\delta$ en fonction de $\lambda$.

3) a. Montrer que la fonction $B(t) = \frac{d}{dx}\big(D(x, \Delta_\lambda(x))(t)\big)$ est affine, d'intégrale nulle sur $[x - \Delta_\lambda(x), x + \Delta_\lambda(x)]$, mais non identiquement nulle.

b. En déduire que $\frac{d}{dx}\big(D(x, \Delta_\lambda(x))(t)\big) = 0 \Leftrightarrow t = x$ et conclure.

4) Utiliser la question 3.

## Exercice 11

1) Poser $M(p(s)) = \varphi(s)$, où $\varphi$ est le paramétrage initial, trouver une expression de $p$, puis vérifier que $p$ réalise un $\mathcal{C}^2$-difféomorphisme du domaine de définition de $\varphi$.

2) a. Montrer que $M$ et $N$ sont solution de la même équation différentielle $X'''(t) = a(t)X'(t)$.

b. Montrer que les solutions de cette équation différentielle s'écrivent

$$X(t) = X_1 + \lambda(t)X_2 + \mu(t)X_3,$$

et en déduire l'existence de $A$ et $B$ tels que $M = AN + B$.

3) Résoudre l'équation différentielle obtenue à la question 2 en distinguant les cas selon le signe de $a$.

## Exercice 12

1) (cas fini)

a. Décomposer l'intégrale de $|f'|$ en utilisant la relation de Chasles aux points d'annulation de $f'$.

b. Utiliser le fait que $|f'|$ garde un signe constant sur chaque intervalle.

c. Introduire $\chi_n$, la fonction indicatrice de l'intervalle $f([a_n, a_{n+1}[)$, et remarquer que $N = \sum_n \chi_n$.

2) (cas général)

a. Montrer que l'on peut écrire $\{x \in \mathbb{R}, \ f'(x) \neq 0\}$ comme réunion disjointe dénombrable d'intervalles ouverts.

b. Raisonner comme à la question 1 mais en justifiant avec soin l'interversion des sommes infinies et des intégrales.

## Exercice 13

1) Montrer que $\int_a^b \varphi''(x)(f''(x) - \varphi''(x))\, dx = 0$ à l'aide d'une intégration par parties.

2) Montrer que $\varphi$ est solution d'un système linéaire de $4n$ équations à $4n$ inconnues, puis prouver que ce système est de Cramer.

3) Trouver la relation entre les coefficients de Fourier de $h$ et ceux de $h''$, puis appliquer l'égalité de Parseval à $h''$.

4) a. Appliquer le résultat de la question 3 à $f - \varphi$ sur chaque intervalle $[x_i, x_{i+1}]$, puis utiliser l'inégalité de la question 2 pour conclure.

b. Raisonner entre deux zéros de $f' - \varphi'$ et utiliser l'inégalité de Cauchy-Schwarz.

## Exercice 14

1) (cas $N = 2$ et $f'' > 0$ sur $[a, b]$)

Calculer $E(u) = \int_a^b |f(x) - \varphi_{(a,u,b)}(x)|\, dx$ en fonction de $u$ et minimiser $E$ pour en déduire une égalité faisant intervenir $f$, $f'$, $a$ et $b$.

2) (cas général)

a. Considérer l'ensemble des points atteints par des subdivisions régulières de $[a, b]$.

b. Utiliser la question 1 pour en déduire une égalité en chacun de ces points.

c. En déduire une équation différentielle en faisant tendre $N$ vers $+\infty$.

d. Considérer un ouvert sur lequel $f'''$ ne s'annule pas et en déduire une contradiction.

e. Inversement, vérifier que la propriété de l'énoncé est vraie pour les fonctions obtenues.

## Exercice 15

1) a. Poser $X_{k,l-1} = (x_1, \ldots, x_n)$, et introduire la fonction d'une variable réelle $J_l : x \mapsto J(x_1, \ldots, x_{l-1}, x, x_{l+1}, \ldots, x_n)$.

b. Montrer qu'une fonction $\mathcal{C}^2(\mathbb{R})$ telle que $f''(x) \geqslant \alpha > 0$ sur $\mathbb{R}$ vérifie nécessairement $\lim\limits_{x \to \pm\infty} f(x) = +\infty$ et admet un unique minimum.

2) Remarquer que $J(X_k) \geqslant J(X_{k+1})$.

3) a. Appliquer la formule de Taylor-Lagrange à $J_l$ entre $x_l$ et le point où elle réalise son minimum.

   b. Sommer sur $l$ l'inégalité obtenue en appliquant l'inégalité triangulaire.

4) a. Montrer que $\lim\limits_{k \to \infty} \nabla J(X_{k+1}) = 0$.

   b. Montrer que pour tout $u, v \in \mathbb{R}^n$, $\langle \nabla J(u) - \nabla J(v), u - v \rangle \geqslant \alpha \|u - v\|^2$.

   c. Utiliser l'inégalité de Cauchy-Schwarz.

5) a. Calculer $X_1$.

   b. Vérifier que $J(X)$ s'écrit aussi $J(X) = (x_1 - 1)^2 + (x_2 - 1)^2 - 2 + 2|x_1 - x_2|$ et en déduire le minimum de $J$.

## Exercice 16

1) Introduire une suite minimisante et montrer qu'elle est de Cauchy en utilisant l'identité du parallélogramme.

2) a. Paramétrer le segment qui relie $u$ à un point $w$ quelconque de $K$.

   b. Ecrire que $\|f - u\|$ est minimal.

   c. Ne pas oublier la réciproque.

3) Raisonner par l'absurde.

4) a. Considérer $M = \text{Ker } \phi$, et éliminer le cas $M = H$.

   b. Appliquer le théorème de projection à $K = M$, et en déduire l'existence d'un vecteur $z$ orthogonal à tout élément de $M$.

   c. Montrer que pour tout $x$ dans $H$, $\phi(x)z - \phi(z)x$ est élément de $M$.

5) a. Appliquer la question 4 à $v \mapsto a(w, v)$ pour $w$ fixé. Noter le résultat $\varphi = Aw$ et donner les propriétés de $A$.

   b. Pour $\rho > 0$ poser $Su = \rho f - \rho Au + u$. Montrer qu'un choix convenable de $\rho$ permet à $S$ d'être contractante.

   c. En déduire qu'il existe $u \in K$ tel que $Su = u$ et conclure.

6) Utiliser le fait que la norme $u \mapsto a(u, u)^{1/2}$ est équivalente à la norme $\|\cdot\|$.

## Exercice 17

1) Calculer l'aire du tronc de cône intercepté entre les plans $X = x$ et $X = x + dx$, puis intégrer sur $x$.

2) a. Appliquer un théorème de dérivation des intégrales à paramètre.

   b. Utiliser une intégration par parties.

3) a. En considérant une fonction $\varphi$ très localisée, montrer que le facteur de $\varphi$ sous l'intégrale doit être partout nul.

   b. Simplifier l'équation différentielle obtenue, puis faire apparaître la dérivée de $\ln(1 + f'^2)$ pour intégrer une première fois.

   c. Intégrer une seconde fois à l'aide d'un cosinus hyperbolique.

   d. Discuter les constantes d'intégration par rapport aux contraintes $f > 0$ et $f(0) = f(1) = a$.

## Exercice 18

1) a. Dans l'hypothèse où le mathématicien choisit la pièce $a$ avec une probabilité $p$ et la pièce $b$ avec une probabilité $1 - p$, calculer le gain moyen du probabiliste pour chacun de vos choix.

b. En déduire la valeur de $p$ qui maximise le gain moyen minimal du mathématicien, puis le gain moyen minimal correspondant et conclure.

2) a. Calculer en fonction de $S$ le gain moyen du mathématicien lorsqu'il choisit chaque pièce $a_i$ avec une probabilité $p_i$ telle que ce gain moyen ne dépend pas de votre choix. En déduire une inégalité sur $S$.

b. Calculer symétriquement votre gain moyen lorsque vous adoptez la stratégie du mathématicien et en déduire l'inégalité opposée sur $S$.

c. Enfin, remarquer que pour cette valeur de $S$, chacun des deux joueurs a une stratégie qui lui assure un gain moyen nul.

3) Utiliser la stricte convexité de la fonction $g : x \mapsto (1 + x/S)^{-1}$, et la stricte concavité de la fonction $h : x \mapsto g(1/x)$.

## Exercice 19

1) Construire une matrice $B$ adaptée et utiliser la propriété de sous-multiplicativité de la norme.

2) Majorer par calcul direct puis trouver un cas d'égalité.

3) a. Trianguariser $A$ en $U^{-1}AU$ puis multiplier à gauche et à droite par $D_\delta^{-1}$ et $D_\delta$ respectivement, où $\delta \neq 0$ et $D_\delta = \mathrm{diag}(1, \delta, \ldots, \delta^{n-1})$.

b. Montrer que $B \mapsto \|B\| = \|(UD_\delta)^{-1}A(UD_\delta)\|_\infty$ définit une norme matricielle.

## Exercice 20

1) Remarquer que si l'un des $c_i$ est nul, alors $A$ est diagonale par blocs.

2) a. Montrer que $\lim_{x \to -\infty} p_i(x) = +\infty$ et $\lim_{x \to +\infty} p_i(x) = \pm\infty$ selon la parité de l'entier $i$.

b. Montrer que si $p_i(\lambda_0) = 0$ alors $p_{i-1}(\lambda_0)p_{i+1}(\lambda_0) < 0$.

c. Finir par un raisonnement par récurrence.

3) Le réel $\mu$ étant compris entre deux racines successives de $p_i$, discuter différents cas en fonction de la position de $\mu$ par rapport à la racine de $p_{i+1}$ concernée.

4) Penser à une dichotomie.

## Exercice 21

1) a. Déterminer la seule limite possible pour la suite.

b. Montrer que c'est effectivement la limite de la suite.

2) a. Ecrire $M^{-1}N$ sous la forme $I - M^{-1}A$ et poser $w = M^{-1}Av$.

b. Montrer que $\|v - w\|^2 = 1 - w^*(M^* + N)w$.

c. Se ramener à un compact.

3) Utiliser la question 2.

4) a. Vérifier les hypothèses de la question 2 et en déduire une condition suffisante.

b. Calculer le déterminant de $M^{-1}N$.

c. En déduire une minoration du rayon spectral de $M^{-1}N$ et une condition nécessaire.

## Exercice 22

1) Raisonner par l'absurde.

2) Itérer le raisonnement de la question 1.

3) a. Montrer, en utilisant la question 2, qu'on peut restreindre le calcul du maximum à un ensemble fermé, borné et qui ne contient que des vecteurs strictement positifs.

b. Montrer que $r > 0$.

c. Montrer que $Az = rz$ par l'absurde.

4) Pour $y$ vecteur propre associé à une valeur propre $\alpha$, considérer un vecteur $u$ dont les coordonnées sont les modules des coordonnées de $y$.

## Exercice 23

1) Pour (iv) (et (v) de manière analogue) étudier les dimensions de $W$, $V_{k-1}^{\perp}$ et $W + V_{k-1}^{\perp}$.

2) Utiliser un argument de connexité.

3) a. Estimer les valeurs propres de $B$ en prenant comme espaces $W$ les $V_k$ associés à $A$.

b. Inverser les rôles de $A$ et $B$.

## Exercice 24

1) Poser $u(t) = \alpha + \int_0^t \beta(s)\phi(s)ds$.

2) a. Découper l'intégrale en $(1 - \varepsilon)t$.

b. Trouver une constante $A$ indépendante de $\alpha$ telle que pour tout $r \in [0, T[$,

$$\theta(r) \leqslant 2\alpha + A \int_0^r s^{-a}\beta(s)\theta(s)ds.$$

c. Adapter la question 1 à la fonction $\theta$.

## Exercice 25

1) a. Intégrer une fois par parties pour montrer l'ordre un.

b. Montrer que l'on peut itérer le raisonnement pour obtenir les ordres suivants.

2-a) Intégrer par parties, et utiliser la monotonie de $1/\phi'$.

2-b) a. Effectuer un raisonnement par récurrence sur $k$.

 b. Si $|\phi^{(k+1)}| \geqslant 1$, utiliser le réel $c$ qui réalise le minimum de $|\phi^{(k)}|$ sur $[a, b]$ et découper l'intégrale autour de $c$.

3) a. Remarquer que $\psi(y) = \psi(b) - \int_a^b \psi'(y)dy$.

 b. Utiliser le théorème de Fubini.

## Exercice 26

(i)$\Rightarrow$(ii) Montrer tout d'abord que (ii) est vraie pour la fonction caractéristique d'un intervalle, puis pour une fonction en escalier.

(ii)$\Rightarrow$(iii) Appliquer le (ii) à $f(x) = e^{2i\pi px}$.

(iii)$\Rightarrow$(i) a. Passer par la propriété intermédiaire

$$(\text{ii}') \qquad \forall f \in \mathcal{C}^0([0,1], \mathbb{R}), \qquad f(0) = f(1) \quad \Rightarrow \quad I_n(f) \underset{n \to +\infty}{\longrightarrow} \int_0^1 f(x)dx.$$

 b. Pour montrer (ii'), utiliser le théorème de Weierstrass trigonométrique.

 c. Pour montrer (i), construire deux fonctions affines par morceaux encadrant la fonction caractéristique de $[a, b]$.

## Exercice 27

1) a. Montrer que si la suite a une limite, ce ne peut être que 0.

 b. Appliquer l'indication à $x = \frac{1}{\pi}$.

 c. Remarquer que $|\sin q| = |\sin(q - p\pi)|$.

 d. (Indication) Ecrire $kx = E(kx) + \{kx\}$ pour $k \in \{0, 1, ..., n\}$, puis montrer l'existence de deux entiers $k_1$ et $k_2$ distincts tels que $\left|\{k_1 x\} - \{k_2 x\}\right| \leqslant \frac{1}{n}$.

 e. Achever la démonstration de l'indication en posant $q_n = k_1 - k_2$ et $p_n = E(k_1 x) - E(k_2 x)$.

2) a. Chercher $(\lambda_n)$ de telle sorte que $\left\{(p, q) \in \mathbb{Z} \times \mathbb{N}^*, \ \left|\alpha - \frac{p}{q}\right| \leqslant \frac{1}{q^{s+1}}\right\}$ soit infini pour tout $s > 0$.

 b. Poser $p_N = \sum_{n=0}^N 10^{-\lambda_n}$ et $q_N = 10^{-\lambda_N}$, puis majorer $|\alpha - p_N/q_N|$ pour en déduire une condition suffisante sur la suite $(\lambda_n)$.

 c. Conclure ensuite comme à la question 1.

3) a. Trouver une relation entre les coefficients de Fourier de $\psi$ et ceux de $\phi$

 b. Choisir $\alpha$ et $\phi$ de telle façon que les coefficients de $\psi$ soient donnés par l'une des suites de la question 2.

 c. Conclure en utilisant l'égalité de Parseval.

# Chapitre 4
# Un problème

## Partie I

I.1. Soit $a$ un nombre réel et $u_0$ une fonction à valeurs réelles de classe $\mathcal{C}^1$ sur $\mathbb{R}$. On cherche une application

$$u : \begin{array}{ccc} \mathbb{R} \times \mathbb{R} & \to & \mathbb{R} \\ (t,x) & \mapsto & u(t,x) \end{array}$$

de classe $\mathcal{C}^1$ sur $\mathbb{R}^2$ telle que

$$\frac{\partial u}{\partial t}(t,x) + a\frac{\partial u}{\partial x}(t,x) = 0, \qquad \text{pour tout } (t,x) \in \mathbb{R} \times \mathbb{R}, \qquad (1)$$

$$u(0,x) = u_0(x), \qquad \text{pour tout } x \in \mathbb{R}. \qquad (2)$$

I.1.a. Montrer que la fonction $v(t,x)$ définie par $v(t,x) = u_0(x - at)$ vérifie (1) et (2).

I.1.b. Soit $\Phi$ l'application de $\mathbb{R}^2$ dans $\mathbb{R}^2$ définie par

$$\Phi : \begin{array}{ccc} \mathbb{R}^2 & \to & \mathbb{R}^2 \\ (t,x) & \mapsto & (t, x - at). \end{array}$$

Montrer que $\Phi$ est un $\mathcal{C}^1$-difféomorphisme de $\mathbb{R}^2$ dans $\mathbb{R}^2$.

I.1.c. Soit $u \in \mathcal{C}^1(\mathbb{R}^2)$ vérifiant (1)-(2) et soit $\bar{u}$ l'application de $\mathbb{R}^2$ dans $\mathbb{R}$ définie par

$$\bar{u} : \begin{array}{ccc} \mathbb{R}^2 & \to & \mathbb{R} \\ (\tau,\xi) & \mapsto & u \circ \Phi^{-1}(\tau,\xi). \end{array}$$

Calculer $\dfrac{\partial \bar{u}}{\partial \tau}$ et en déduire que la solution donnée au I.1.a est l'unique solution $\mathcal{C}^1(\mathbb{R}^2)$ de (1)-(2).

I.2. Soit $f \in \mathcal{C}^1(\mathbb{R}^2)$ et $b$ un nombre réel. On cherche $u \in \mathcal{C}^1(\mathbb{R}^2)$ solution de

$$\frac{\partial u}{\partial t}(t,x) + a\frac{\partial u}{\partial x}(t,x) + bu(t,x) = f(t,x), \qquad \text{pour tout } (t,x) \in \mathbb{R}^2, \quad (3)$$

$$u(0,x) = u_0(x), \qquad \text{pour tout } x \in \mathbb{R}. \qquad (4)$$

I.2.a. Montrer que la fonction $w$ définie par

$$w(t,x) = e^{-bt}u_0(x - at) + \int_0^t e^{-b(t-s)}f(s, x - a(t-s))ds$$

est de classe $\mathcal{C}^1$ sur $\mathbb{R}^2$ et vérifie (3)-(4).

**I.2.b.** En s'inspirant de la question I.1, montrer que c'est l'unique solution de classe $\mathcal{C}^1$ sur $\mathbb{R}^2$ de (3)-(4).

**I.3.** On note $l^2(\mathbb{Z})$ l'ensemble des suites complexes indexées par $\mathbb{Z}$ et de carré sommable. L'espace $l^2(\mathbb{Z})$ est muni de sa norme habituelle : si $a = (a_m)_{m\in\mathbb{Z}} \in l^2(\mathbb{Z})$ alors $\|a\| = \left(\sum_{m\in\mathbb{Z}} |a_m|^2\right)^{1/2}$. Soit $S_+$ et $S_-$ les applications définies sur $l^2(\mathbb{Z})$ par

$$S_+ : \begin{array}{ccc} l^2(\mathbb{Z}) & \to & l^2(\mathbb{Z}) \\ a & \mapsto & S_+a \end{array} , \qquad S_- : \begin{array}{ccc} l^2(\mathbb{Z}) & \to & l^2(\mathbb{Z}) \\ a & \mapsto & S_-a \end{array} ,$$

et pour tout $m \in \mathbb{Z}$, $(S_+a)_m = a_{m+1}$, $(S_-a)_m = a_{m-1}$. Montrer que $S_+$ et $S_-$ sont des applications linéaires et continues sur $l^2(\mathbb{Z})$ et que $S_+$ et $S_-$ sont bijectives. Quels sont leurs inverses ?

**I.4.** Pour $j \in \mathbb{N}^*$, on note $(S_+)^j$ la composée $\underbrace{S_+ \circ \cdots \circ S_+}_{j \text{ fois}}$ et $(S_+)^{-j}$ la composée $\underbrace{(S_+)^{-1} \circ \cdots \circ (S_+)^{-1}}_{j \text{ fois}}$. Enfin $(S_+)^0 = \mathrm{Id}$.

On appelle **schéma scalaire à un pas** la donnée d'une famille d'applications paramétrées par deux réels $(h,k) \in ]0,1[^2$, qui à $(U_m^0(h,k))_{m\in\mathbb{Z}} \in l^2(\mathbb{Z})$ associe la suite $(U^n(h,k))_{n\in\mathbb{N}} \in (l^2(\mathbb{Z}))^{\mathbb{N}}$ définie par la relation de récurrence

$$U^{n+1}(h,k) = \sum_{j=-p}^{p} a_j(h,k)S_+^j U^n(h,k), \qquad n \geqslant 0 \qquad (5)$$

où pour tout entier $n$, $U^n(h,k) \equiv (U_m^n(h,k))_{m\in\mathbb{Z}} \in l^2(\mathbb{Z})$, $p \in \mathbb{N}$ et les applications $(h,k) \mapsto a_j(h,k)$ pour $j = -p, \ldots, p$ sont de classe $\mathcal{C}^\infty$ de $]0,1[^2$ à valeurs dans $\mathbb{R}$. Dans toute la suite du problème, on omettra d'écrire explicitement la dépendance de $U^n(h,k)$ en $(h,k)$ et on notera $U^n(h,k) \equiv U^n$ afin de simplifier les notations. Par abus, on appellera la relation (5) "schéma scalaire à un pas".

Intuitivement, $U_m^n(h,k)$ est une approximation de la valeur au point $(t_n, x_m) = (nk, mh)$ de la solution d'une équation un peu plus générale que (1). On désigne par $(\Sigma_1)$ :

$$\forall n \in \mathbb{N}, \forall m \in \mathbb{Z}, \quad \frac{U_m^{n+1} - U_m^n}{k} + a\frac{U_{m+1}^n - U_m^n}{h} = 0, \qquad (\Sigma_1)$$

I.4.a. Calculer l'entier $p$ et les applications $a_j(h,k)$ associées au schéma $(\Sigma_1)$. On les notera $p_1$ et $a_j^1(h,k)$.

I.4.b. Soit $u_0 \in \mathcal{C}^2(\mathbb{R})$ et $u(t,x)$ vérifiant (1)-(2). Pour tout $(n,m) \in \mathbb{N} \times \mathbb{Z}$, on pose $u_m^n = u(nk,mh)$ où $(h,k) \in ]0,1[^2$. On note $u^n$ la suite $(u_m^n)_{m \in \mathbb{Z}}$ pour tout $n \in \mathbb{N}$. Montrer que pour tout $(n,m) \in \mathbb{N} \times \mathbb{Z}$,

$$u_m^{n+1} - \sum_{j=-p_1}^{p_1} a_j^1(h,k)(S_+^j u^n)_m = k(O(h) + O(k))$$

lorsque $(h,k) \to (0,0)$ dans $]0,1[^2$.

# Partie II

II.1. Soit $D \subset ]0,1[^2$ tel que $(0,0) \in \bar{D}$ ($\bar{D}$ désigne l'adhérence de $D$ dans $\mathbb{R}^2$ muni de la topologie usuelle). On dit que le schéma (5) est **fortement stable** sur $D$ si et seulement si il existe $(\kappa,\beta) \in \mathbb{R}^+ \times \mathbb{R}$ tels que pour tout $U^0 \in l^2(\mathbb{Z})$, pour tout $(h,k) \in D$, la suite $U^n$ donnée par (5) vérifie

$$\text{pour tout } n \in \mathbb{N} \qquad \|U^n\| \leqslant \kappa e^{\beta nk} \|U^0\|.$$

Soit $h^1(\mathbb{Z}) = \{a \in l^2(\mathbb{Z}) \text{ tel que } (ma_m)_{m \in \mathbb{Z}} \in l^2(\mathbb{Z})\}$.

II.1.a. Montrer que $h^1(\mathbb{Z})$ est dense dans $l^2(\mathbb{Z})$.

II.1.b. Pour $a \in h^1(\mathbb{Z})$ et $\xi \in \mathbb{R}$, on introduit $\hat{a}(\xi) = \sum_{m \in \mathbb{Z}} a_m e^{im\xi}$. Montrer que la fonction $\hat{a}$ est définie sur $\mathbb{R}$, continue et $2\pi$-périodique. Montrer que

$$\int_0^{2\pi} |\hat{a}(\xi)|^2 d\xi = 2\pi \sum_{m \in \mathbb{Z}} |a_m|^2.$$

II.1.c. Jusqu'à la fin de la question II.1., on se donne $U^0 \in h^1(\mathbb{Z})$ et $U^n$ obtenue par le schéma (5). Montrer que pour tout $n \in \mathbb{N}$, $U^n \in h^1(\mathbb{Z})$.

II.1.d. Montrer qu'il existe une fonction $g$ :

$$g : \begin{array}{ccc} ]0,1[\times]0,1[\times\mathbb{R} & \to & \mathbb{C} \\ (h,k,\xi) & \mapsto & g(h,k,\xi) \end{array}$$

de classe $\mathcal{C}^\infty$ telle que pour tout $n \in \mathbb{N}$, pour tout $(h,k,\xi) \in ]0,1[\times]0,1[\times\mathbb{R}$, on ait

$$\widehat{U^{n+1}}(\xi) = g(h,k,\xi)\widehat{U^n}(\xi).$$

II.1.e. Calculer la fonction $g$ associée au schéma $(\Sigma_1)$. (On posera $\lambda = \dfrac{ak}{h}$.)

II.1.f. On se donne un domaine $D \subset ]0,1[^2$ tel que $(0,0) \in \bar{D}$. On suppose qu'il existe $C > 0$ tel que pour tout $(h,k) \in D$, pour tout $\xi \in \mathbb{R}$, $|g(h,k,\xi)| \leqslant 1 + Ck$. Montrer qu'il existe $(\kappa, \beta) \in \mathbb{R}^+ \times \mathbb{R}$ tels que pour tout $U^0 \in h^1(\mathbb{Z})$ pour tout $(h,k) \in D$, pour tout $n \in \mathbb{N}$, $\|U^n\| \leqslant \kappa e^{\beta nk} \|U^0\|$.

II.1.g. En déduire que, sous les hypothèses de f, le schéma (5) est fortement stable sur $D$.

II.2. On veut démontrer la réciproque du II.1.g. On raisonne par l'absurde : on se donne $D \subset ]0,1[^2$ tel que $(0,0) \in \bar{D}$ et on suppose que le schéma est fortement stable sur $D$ et que pour tout $q \in \mathbb{N}$, il existe $(h_q, k_q) \in D$, $\xi_q \in \mathbb{R}$ tels que $|g(h_q, k_q, \xi_q)| > 1 + qk_q$.

II.2.a. Montrer que pour tout $q \in \mathbb{N}$, il existe $\varepsilon_q \in ]0, \pi/2[$ tel que pour tout $\xi \in [\xi_q - \varepsilon_q, \xi_q + \varepsilon_q]$ on a $|g(h_q, k_q, \xi)| > 1 + qk_q$.

II.2.b. On considère la fonction $f_q$ définie de la façon suivante :
- $f_q$ est continue,
- $f_q(\xi) = 1$ si $\xi \in [\xi_q - \varepsilon_q, \xi_q + \varepsilon_q]$,
- $f_q(\xi) = 0$ si $\xi \in [\xi_q - \pi, \xi_q - 2\varepsilon_q] \cup [\xi_q + 2\varepsilon_q, \xi_q + \pi]$,
- $f_q(\xi)$ est affine sur $[\xi_q - 2\varepsilon_q, \xi_q - \varepsilon_q]$ et sur $[\xi_q + \varepsilon_q, \xi_q + 2\varepsilon_q]$,
- $f_q$ est $2\pi$-périodique.

Montrer qu'il existe $U^{0,q} \in h^1(\mathbb{Z})$ tel que $\widehat{U^{0,q}}(\xi) = f_q(\xi)$.

II.2.c. En déduire une contradiction et la réciproque du II.1.g.

II.3.

II.3.a. Montrer que pour tout $a > 0$, pour tout $D \subset ]0,1[^2$ tel que $(0,0) \in \bar{D}$, $(\Sigma_1)$ n'est pas fortement stable sur $D$.

II.3.b. Pour tout $\alpha > 0$, on note $D_\alpha = \{(h,k) \in ]0,1[^2 \ / \ k \leqslant \alpha h\}$. On suppose que $a < 0$. Montrer que $(\Sigma_1)$ est fortement stable sur $D_\alpha$ si et seulement si $\alpha \leqslant -1/a$.

II.4. On se donne $(p_1, p_2, p_3) \in \mathbb{N}^3$ et des fonctions $(a_j(h,k))_{j=-p_1,\ldots,p_1}$, $(b_j(h,k))_{j=-p_2,\ldots,p_2}$, $(c_j(h,k))_{j=-p_3,\ldots,p_3}$ de classe $\mathcal{C}^\infty$ de $]0,1[^2$ à valeurs dans $\mathbb{R}$. On pose $Q(h,k,\xi) = \displaystyle\sum_{j=-p_1}^{p_1} a_j(h,k)e^{-ij\xi}$ et on suppose que

$$\forall \xi \in \mathbb{R}, \ \forall (h,k) \in ]0,1[^2, \ Q(h,k,\xi) \neq 0. \tag{6}$$

On veut montrer le résultat suivant :
Pour tout $(V_0, V_1) \in (h^1(\mathbb{Z}))^2$, il existe un unique $(U^n)_{n \in \mathbb{N}} \in (h^1(\mathbb{Z}))^{\mathbb{N}}$ solution de

$$\sum_{j=-p_1}^{p_1} a_j(h,k)S_+^j U^{n+2} + \sum_{j=-p_2}^{p_2} b_j(h,k)S_+^j U^{n+1}$$
$$+ \sum_{j=-p_3}^{p_3} c_j(h,k)S_+^j U^n = 0, \ \forall n \geqslant 0, \tag{7}$$

avec

$$U^0 = V_0 \text{ et } U^1 = V_1. \tag{8}$$

On introduit $s = \{a = (a_m)_{m \in \mathbb{Z}} \in l^2(\mathbb{Z}) \ / \ \forall r \in \mathbb{N}, \sum_{m \in \mathbb{Z}} m^{2r} |a_m|^2 < +\infty\}$.

II.4.a. Montrer que $a \in s$ si et seulement si $\hat{a} \in \mathcal{C}^\infty(\mathbb{R})$.

II.4.b. Soit $V_0 \in h^1(\mathbb{Z})$ et $V_1 \in h^1(\mathbb{Z})$. Soit $(U^n)_{n \in \mathbb{N}}$ une solution de (7)-(8) telle que pour tout $n \in \mathbb{N}$, $U^n \in h^1(\mathbb{Z})$. Montrer, en utilisant (6), qu'il existe deux fonctions $\phi_1(h, k, \xi)$ et $\phi_2(h, k, \xi)$ (que l'on explicitera) de classe $\mathcal{C}^\infty$ sur $]0, 1[\times]0, 1[\times\mathbb{R}$ telles que

$$\forall n \in \mathbb{N}, \ \widehat{U^{n+2}}(\xi) = \phi_1(h, k, \xi)\widehat{U^{n+1}}(\xi) + \phi_2(h, k, \xi)\widehat{U^n}(\xi). \tag{9}$$

En déduire qu'il existe au plus une solution $(U^n)_{n \in \mathbb{N}} \in (h^1(\mathbb{Z}))^\mathbb{N}$ de (7)-(8).

II.4.c. Soit $V_0 \in s$ et $V_1 \in s$. On note $(\widehat{U^n})_{n \in \mathbb{N}}$ la suite de fonctions définies par (9) et $\widehat{U^0} = \widehat{V_0}$ et $\widehat{U^1} = \widehat{V_1}$. On note de plus

$$U_m^n = \frac{1}{2\pi} \int_0^{2\pi} \widehat{U^n}(\xi) e^{-im\xi} d\xi.$$

Montrer que pour tout $n \in \mathbb{N}$, $U^n \in s$ et que $U^n$ est solution de (7)-(8).

II.4.d. On munit $h^1(\mathbb{Z})$ de la norme $\|a\|_1 = \left( \sum_{m \in \mathbb{Z}} m^2 |a_m|^2 + |a_0|^2 \right)^{1/2}$. Montrer que pour tout $n \in \mathbb{N}$, pour tout $(h, k) \in ]0, 1[^2$, il existe $\kappa_n(h, k) > 0$ tel que pour tout $(V_0, V_1) \in s \times s$, la solution $(U^n)$ de (7)-(8) trouvée au c vérifie

$$\|U^n\|_1 \leqslant \kappa_n(h, k)(\|V_0\|_1 + \|V_1\|_1).$$

II.4.e. Montrer que $(h^1(\mathbb{Z}), \|\cdot\|_1)$ est complet et que $s$ est dense dans $h^1(\mathbb{Z})$.

II.4.f. En déduire que pour tout $(V_0, V_1) \in (h^1(\mathbb{Z}))^2$, il existe une unique $(U^n)_{n \in \mathbb{Z}} \in (h^1(\mathbb{Z}))^\mathbb{N}$ solution de (7)-(8).

II.4.g. La famille d'applications indexée par $(h, k) \in ]0, 1[^2$ qui à $(V_0, V_1) \in (h^1(\mathbb{Z}))^2$ associe $(U^n)_{n \in \mathbb{Z}} \in (h^1(\mathbb{Z}))^\mathbb{N}$ est appelée **schéma implicite à deux pas**. Peut-on appliquer le résultat précédent à :

$$\frac{3U_m^{n+2} - 4U_m^{n+1} + U_m^n}{k} + a\frac{U_{m+1}^{n+2} - U_{m-1}^{n+2}}{h} = 0 \ ? \tag{$\Sigma_2$}$$

# Partie III

Soit $d \geqslant 1$. Dans cette partie, on travaille dans $(l^2(\mathbb{Z}))^d$. Si $a = (a_m)_{m\in\mathbb{Z}} \in (l^2(\mathbb{Z}))^d$, les composantes de $a_m$ sont notées $a_m = (a_m(1), \ldots, a_m(d))$ et

$$\|a\| = \left( \sum_{m\in\mathbb{Z}} |a_m(1)|^2 + \cdots + |a_m(d)|^2 \right)^{1/2}.$$

On définit l'opérateur $S_+$ par

$$(S_+a)_m = (a_{m+1}(1), \ldots, a_{m+1}(d)).$$

On désigne par $\mathcal{M}_{d,d}(\mathbb{C})$ l'ensemble des matrices carrées à coefficients complexes d'ordre $d$. Si $A \in \mathcal{M}_{d,d}(\mathbb{C})$ et $a \in (l^2(\mathbb{Z}))^d$, $Aa$ désigne la suite de terme général $(Aa)_m = Aa_m$.

III.1. Montrer que $S_+$ et $a \mapsto Aa$ définissent des applications linéaires continues de $(l^2(\mathbb{Z}))^d$ dans lui-même.

III.2. On se donne $(p_1, p_2) \in \mathbb{N}^2$ et $(A_j)_{j=-p_1,\ldots,p_1}$, $(B_j)_{j=-p_2,\ldots,p_2}$ des applications $\mathcal{C}^\infty$ de $]0,1[^2$ à valeurs dans $\mathcal{M}_{d,d}(\mathbb{C})$. On suppose que

$$\det\left( \sum_{j=-p_1}^{p_1} A_j(h,k)e^{-ij\xi} \right) \neq 0, \forall \xi \in \mathbb{R}, \ \forall(h,k) \in ]0,1[^2. \qquad (10)$$

Pour $a \in (h^1(\mathbb{Z}))^d$, on pose $\hat{a}(\xi) = \sum_{m\in\mathbb{Z}} a_m e^{im\xi}$. Soit $(U^n)_{n\in\mathbb{N}} \in (h^1(\mathbb{Z}))^\mathbb{N}$ vérifiant

$$\forall n \in \mathbb{N}, \ \sum_{j=-p_1}^{p_1} A_j(h,k)S_+^j U^{n+1} + \sum_{j=-p_2}^{p_2} B_j(h,k)S_+^j U^n = 0. \qquad (11)$$

Montrer qu'il existe

$$G : \begin{array}{ccc} ]0,1[\times]0,1[\times\mathbb{R} & \to & \mathcal{M}_{d,d}(\mathbb{C}) \\ (h,k,\xi) & \mapsto & G(h,k,\xi) \end{array}$$

de classe $\mathcal{C}^\infty$ telle que pour tout $n \in \mathbb{N}$, pour tout $(h,k,\xi) \in ]0,1[\times]0,1[\times\mathbb{R}$, on ait

$$\widehat{U^{n+1}}(\xi) = G(h,k,\xi)\widehat{U^n}(\xi).$$

III.3. En s'inspirant de la question II.4, montrer que, pour tout $V_0 \in (h^1(\mathbb{Z}))^d$, il existe une unique suite $(U^n)_{n\in\mathbb{N}} \in ((h^1(\mathbb{Z}))^d)^\mathbb{N}$ vérifiant (11) et $U^0 = V_0$. La famille d'applications indexée par $(h,k) \in ]0,1[^2$ qui à $U^0 \in (h^1(\mathbb{Z}))^d$ associe $(U^n)_{n\in\mathbb{N}} \in ((h^1(\mathbb{Z}))^d)^\mathbb{N}$ est appelée **schéma vectoriel**.

III.4. Ecrire le schéma $(\Sigma_2)$ défini à la question II.4.g sous la forme d'un schéma vectoriel sur $\mathbb{R}^2$.

III.5. Soit $D \subset ]0,1[^2$ tel que $(0,0) \in \bar{D}$. On dit que le schéma (11) est **faiblement stable** sur $D$ si et seulement si il existe $(\kappa, \beta) \in \mathbb{R}^+ \times \mathbb{R}$ tels que pour tout $(h,k) \in D$, pour tout $\xi \in \mathbb{R}$, pour tout $n \in \mathbb{N}$, $|||(G(h,k,\xi))^n||| \leqslant \kappa e^{\beta nk}$, où $||| \cdot |||$ désigne la norme matricielle subordonnée à la norme hermitienne sur $\mathbb{C}^d$.

On note $(g_i(h,k,\xi))_{i=1,\dots,d}$ les valeurs propres complexes de $G(h,k,\xi)$. Montrer que si (11) est faiblement stable sur $D$, alors il existe $C > 0$ tel que pour tout $(h,k) \in D$, pour tout $\xi \in \mathbb{R}$, pour tout $i = 1,\dots,d$,

$$|g_i(h,k,\xi)| \leqslant 1 + Ck. \tag{12}$$

III.6. On considère les schémas suivants :

$$\begin{cases} \dfrac{U_m^{n+1}(1) - U_m^n(1)}{k} & = a\dfrac{U_{m+1}^n(2) - U_{m-1}^n(2)}{2h}, \\[2mm] \dfrac{U_m^{n+1}(2) - U_m^n(2)}{k} & = a\dfrac{U_{m+1}^n(1) - U_{m-1}^n(1)}{2h}. \end{cases} \tag{$\Sigma_3$}$$

$$\begin{cases} \dfrac{U_m^{n+1}(1) - U_m^n(1)}{k} & = -a\dfrac{U_{m+1}^n(2) - 2U_m^n(2) + U_{m-1}^n(2)}{h^2}, \\[2mm] \dfrac{U_m^{n+1}(2) - U_m^n(2)}{k} & = 0, \end{cases} \tag{$\Sigma_4$}$$

où $a \in \mathbb{R}$.

III.6.a. Calculer les matrices $G$ et les valeurs propres $g_i$ pour ces deux schémas.

III.6.b. Comme à la question II.3.b pour $\alpha > 0$, on note

$$D_\alpha = \{(h,k) \in ]0,1[^2 \ / \ k \leqslant \alpha h\}.$$

Montrer que pour tout $\alpha > 0$ $(\Sigma_3)$ n'est pas faiblement stable sur $D_\alpha$.

III.6.c. Monter que $(\Sigma_4)$ vérifie (12). Existe-t-il $D \subset ]0,1[^2$ tel que $(0,0) \in \bar{D}$ sur lequel $(\Sigma_4)$ est faiblement stable?

# Chapitre 5
## Corrigé du problème

## Partie I

I.1.a. La fonction $u_0$ est $\mathcal{C}^1$ sur $\mathbb{R}$ donc, par composition, $v$ est une fonction $\mathcal{C}^1$ sur $\mathbb{R} \times \mathbb{R}$. De plus, pour tout $(t,x) \in \mathbb{R} \times \mathbb{R}$

$$\frac{\partial v}{\partial t}(t,x) = -au_0'(x - at), \qquad \frac{\partial v}{\partial x}(t,x) = u_0'(x - at).$$

Ainsi pour tout $(t,x) \in \mathbb{R} \times \mathbb{R}$, $\dfrac{\partial v}{\partial t}(t,x) + a\dfrac{\partial v}{\partial x}(t,x) = 0$. La fonction $v$ vérifie donc l'équation aux dérivées partielles (1). Par ailleurs, pour tout $x \in \mathbb{R}$, $v(0,x) = u_0(x - 0) = u_0(x)$, et la fonction $v$ vérifie la condition initiale (2).

I.1.b. L'application $\Phi$ est linéaire de $\mathbb{R}^2$ dans lui-même, et son noyau est réduit à 0. Par conséquent, elle est bijective et est, comme sa réciproque, de classe $\mathcal{C}^1$ (et même $\mathcal{C}^\infty$). Elle réalise donc bien un $\mathcal{C}^1$-difféomorphisme de $\mathbb{R}^2$ sur lui-même. Notons au passage que l'inverse de $\Phi$ est donné par

$$\Phi^{-1} : \begin{array}{ccc} \mathbb{R}^2 & \to & \mathbb{R}^2 \\ (\tau, \xi) & \mapsto & (\tau, \xi + a\tau) = (\psi_t, \psi_x)(\tau, \xi). \end{array}$$

I.1.c. Nous montrons ainsi la réciproque de la question I.1.a. Comme

$$\bar{u}(\tau, \xi) = u \circ \Phi^{-1}(\tau, \xi) = u\left(\psi_t(\tau, \xi), \psi_x(\tau, \xi)\right),$$

la fonction $\bar{u}$ est de classe $\mathcal{C}^1$ sur $\mathbb{R}^2$ et

$$\begin{aligned} \frac{\partial \bar{u}}{\partial \tau}(\tau, \xi) &= \frac{\partial \psi_t}{\partial \tau}(\tau, \xi)\frac{\partial u}{\partial t} \circ \Phi^{-1}(\tau, \xi) + \frac{\partial \psi_x}{\partial \tau}(\tau, \xi)\frac{\partial u}{\partial x} \circ \Phi^{-1}(\tau, \xi) \\ &= 1\frac{\partial u}{\partial t} \circ \Phi^{-1}(\tau, \xi) + a\frac{\partial u}{\partial x} \circ \Phi^{-1}(\tau, \xi) = 0 \end{aligned}$$

car la fonction $u$ vérifie par hypothèse l'équation aux dérivées partielles (1). Ainsi, en intégrant par rapport à la première variable, $\bar{u}(\tau, \xi) = \bar{u}(0, \xi)$ pour tout $(\tau, \xi) \in \mathbb{R}^2$, ce qui se réécrit $u(\tau, \xi + a\tau) = u(0, \xi)$, et comme la fonction $u$ vérifie par hypothèse la condition initiale (2), $u(\tau, \xi + a\tau) = u_0(\xi)$. Posons $x = \xi - a\tau$, soit $\xi = x - a\tau$, ce qui permet d'écrire

$$u(\tau, x) = u_0(x - a\tau) \text{ pour tout } (\tau, x) \in \mathbb{R}^2.$$

Ainsi toute solution $u \in \mathcal{C}^1(\mathbb{R}^2)$ de (1)-(2) est telle que $u(t,x) = u_0(x - at)$ pour tout $(t,x) \in \mathbb{R}^2$. Comme on a vérifié que $v$ est solution de (1)-(2), c'est l'unique solution de (1)-(2) qui soit $\mathcal{C}^1(\mathbb{R}^2)$.

*Remarque :* nous avons affaire à la notion importante d'existence et d'unicité dans un ensemble fonctionnel donné (ici $\mathcal{C}^1(\mathbb{R}^2)$). On peut donner un sens faible à (1)-(2) pour lequel on pourra trouver d'autres solutions (dites solutions faibles) qui ne sont pas aussi régulières (auquel cas il n'y aura pas d'unicité). Il est donc important de vérifier l'appartenance à l'espace fonctionnel dans lequel le problème est posé.

I.2.a. Posons $F(s,t,x) = e^{-b(t-s)}f(s, x - a(t-s))$. Comme $f$ est de classe $\mathcal{C}^1$ sur $\mathbb{R}^2$, $F$ est de classe $\mathcal{C}^1$ sur $\mathbb{R}^3$ et par conséquent la fonction

$$G : (z,t,x) \mapsto \int_0^z F(s,t,x)\,ds$$

est de classe $\mathcal{C}^1$ sur $\mathbb{R}^3$ en vertu des théorèmes de dérivation sous le signe somme (on intègre sur un compact) et par rapport aux bornes d'une intégrale. En particulier,

$$w : (t,x) \mapsto e^{-bt}u_0(x - at) + G(t,t,x)$$

est de classe $\mathcal{C}^1$ sur $\mathbb{R}^2$ puisque $u_0$ est $\mathcal{C}^1$ sur $\mathbb{R}$. De plus, pour tout $(t,x) \in \mathbb{R}^2$

$$
\begin{aligned}
\frac{\partial w}{\partial t}(t,x) =\ & -au_0'(x-at)e^{-bt} - bu_0(x-at)e^{-bt} + f(t,x) \\
& + \int_0^t \left[ -a\frac{\partial f}{\partial x}(s, x-a(t-s))e^{-b(t-s)} \right. \\
& \hspace{3cm} \left. -bf(s, x-a(t-s))e^{-b(t-s)} \right] ds,
\end{aligned}
$$

$$
\frac{\partial w}{\partial x}(t,x) = u_0'(x-at)e^{-bt} + \int_0^t \frac{\partial f}{\partial x}(s, x-a(t-s))e^{-b(t-s)}\,ds.
$$

Donc

$$
\begin{aligned}
\left( \frac{\partial w}{\partial t} + a\frac{\partial w}{\partial x} \right)(t,x) =\ & -bu_0(x-at)e^{-bt} + f(t,x) \\
& -b\int_0^t f(s, x-a(t-s))e^{-b(t-s)}\,ds \\
=\ & f(t,x) - bw(x,t).
\end{aligned}
$$

Ainsi $w$ vérifie l'équation aux dérivées partielles (3). Par ailleurs, on a

$$w(0,x) = u_0(x) + \int_0^0 e^{bs} f(s, x + as)\,ds = u_0(x)$$

et donc $w$ vérifie la condition initiale (4).

I.2.b. Posons $\bar{u}(\tau,\xi) = u \circ \Phi^{-1}(\tau,\xi)$ et $\bar{f}(\tau,\xi) = f \circ \Phi^{-1}(\tau,\xi)$. Alors, de même que précédemment,

$$\frac{\partial \bar{u}}{\partial \tau}(\tau,\xi) = \left( \frac{\partial u}{\partial t} + a\frac{\partial u}{\partial x} \right) \circ \Phi^{-1}(\tau,\xi) = (-b\bar{u} + \bar{f})(\tau,\xi).$$

On pose alors $\tilde{u}(\tau, \xi) = \bar{u}(\tau, \xi)e^{b\tau}$, et

$$\frac{\partial \tilde{u}}{\partial \tau}(\tau, \xi) = \left(\frac{\partial \bar{u}}{\partial \tau} + b\bar{u}\right)(\tau, \xi) = \bar{f}(\tau, \xi)e^{b\tau}.$$

Donc, en intégrant par rapport à la première variable entre 0 et $\tau$,

$$\tilde{u}(\tau, \xi) - \tilde{u}(0, \xi) = \int_0^\tau \bar{f}(s, \xi)e^{bs}ds,$$

$$\bar{u}(\tau, \xi)e^{b\tau} - \bar{u}(0, \xi) = \int_0^\tau \bar{f}(s, \xi)e^{bs}ds,$$

$$u(\tau, \xi + a\tau)e^{b\tau} - u(0, \xi) = \int_0^\tau f(s, \xi + as)e^{bs}ds.$$

On pose alors $x = \xi + a\tau$ et

$$u(\tau, x) = u(0, x - a\tau)e^{-b\tau} + \int_0^\tau f(s, x + a(s - \tau))e^{b(s-\tau)}ds,$$

ce qui montre que la fonction $u$, solution de (3)-(4) de classe $\mathcal{C}^1$, coïncide nécessairement avec $w$. De même qu'à la question I.1, c'est l'unique solution $\mathcal{C}^1$ de (3)-(4).

*Remarque :* dans la mesure où on avait déjà résolu la question I.1.c, au lieu de calquer sa preuve, on pouvait également essayer de s'y ramener. Ceci se fait en posant $U(t, x) = (u - w)(t, x)e^{bt}$. La fonction $U$ est bien de classe $\mathcal{C}^1$, vérifie l'équation

$$\frac{\partial U}{\partial t} + a\frac{\partial U}{\partial x} = 0$$

et la donnée initiale correspondante $U(0, \cdot)$ est identiquement nulle. D'après la question I.1.c, $U$ est alors la fonction nulle.

I.3. Soient $(a, b) \in (l^2(\mathbb{Z}))^2$ et $\lambda \in \mathbb{R}$, alors $a + b$ et $\lambda a$ appartiennent à $l^2(\mathbb{Z})$. De plus $(a + b)_m = a_m + b_m$ et $(\lambda a)_m = \lambda a_m$ et donc $S_+(a + b) = S_+a + S_+b$, $S_-(a + b) = S_-a + S_-b$, $S_+(\lambda a) = \lambda S_+a$ et $S_-(\lambda a) = \lambda S_-a$. Les applications $S_+$ et $S_-$ sont donc linéaires.
Par ailleurs, $\|S_+a\| = \|S_-a\| = \|a\|$, ce qui pour des applications linéaires prouve que $S_+$ et $S_-$ sont continues sur $l^2(\mathbb{Z})$. On remarque que

$$(S_+ \circ S_-a)_{m\in\mathbb{Z}} = S_+((a_{m-1})_{m\in\mathbb{Z}}) = a$$

donc $S_+ \circ S_-$ est l'identité de $l^2(\mathbb{Z})$. De même, $S_- \circ S_+$ est l'identité de $l^2(\mathbb{Z})$. Ainsi $S_+$ et $S_-$ sont bijectives et sont inverses l'une de l'autre.

*Remarque :* il faut vérifier à la fois que $S_+ \circ S_-$ et $S_- \circ S_+$ sont l'identité de $l^2(\mathbb{Z})$, faute de pouvoir conclure. A titre de contre-exemple, si on définit de telles applications de décalages dans $\mathbb{N}$ au lieu de $\mathbb{Z}$, la composée $S_- \circ S_+$ serait bien l'identité de $l^2(\mathbb{N})$ mais on ne pourrait pas définir des inverses, $S_+$ étant non surjective et $S_-$ non injective.

I.4.a. Le schéma $(\Sigma_1)$ peut se réécrire

$$U_m^{n+1} = U_m^n - \frac{ak}{h}(U_{m+1}^n - U_m^n) \text{ pour tout } (n,m) \in \mathbb{N} \times \mathbb{Z}$$

à savoir, pour tout $n \in \mathbb{N}$,

$$U^{n+1} = U^n - \frac{ak}{h}(S_+ U^n - U^n) = \left(1 + \frac{ak}{h}\right) U^n - \frac{ak}{h} S_+ U^n.$$

On pose $p_1 = 1$, et $a_{-1}^1(h,k) = 0$, $a_0^1(h,k) = 1 + \dfrac{ak}{h}$, $a_1^1(h,k) = -\dfrac{ak}{h}$. Les fonctions $a_j^1(h,k)$, $j = -1,0,1$ ainsi définies sont bien de classe $\mathcal{C}^\infty$ sur $]0,1[^2$.

I.4.b. La fonction $u_0$ est en particulier $\mathcal{C}^1(\mathbb{R})$. Comme $u$ vérifie (1)-(2), $u$ est de la forme $u_0(x - at)$ d'après la question I.1.c. Par ailleurs, $u_0$ étant $\mathcal{C}^2$, la forme de $u$ implique qu'elle est de plus $\mathcal{C}^2(\mathbb{R}^2)$.

*Remarque :* ce type de raisonnement s'appelle un résultat de régularité. On détermine la régularité de la solution d'une équation aux dérivées partielles pour une certaine régularité de la donnée initiale. On suppose ensuite que la donnée initiale est en fait plus régulière que ce qui a été supposé de premier abord et on prouve qu'alors la solution est également plus régulière.

Muni de la régularité $\mathcal{C}^2$ pour la fonction $u$, on peut écrire un développement de Taylor-Young à l'ordre 1

$$u((n+1)k, mh) = u(nk, mh) + k\frac{\partial u}{\partial t}(nk, mh) + O(k^2),$$

$$u(nk, (m+1)h) = u(nk, mh) + h\frac{\partial u}{\partial x}(nk, mh) + O(h^2),$$

ce qui s'écrit

$$u_m^{n+1} = u_m^n + k\frac{\partial u}{\partial t}(nk, mh) + O(k^2),$$

$$u_{m+1}^n = u_m^n + h\frac{\partial u}{\partial x}(nk, mh) + O(h^2),$$

d'où

$$
\begin{aligned}
u_m^{n+1} - u_m^n &= k\frac{\partial u}{\partial t}(nk, mh) + O(k^2) \\
&= -ak\frac{\partial u}{\partial x}(nk, mh) + O(k^2) \quad \text{car } u \text{ est solution de (1)} \\
&= -\frac{ak}{h}(u_{m+1}^n - u_m^n + O(h^2)) + O(k^2).
\end{aligned}
$$

Ainsi

$$u_m^{n+1} = u_m^n - \frac{ak}{h}(u_{m+1}^n - u_m^n) + kO(h) + O(k^2).$$

On a donc

$$u_m^{n+1} - \sum_{j=-p_1}^{p_1} a_j^1(h,k)(S_+^j u^n)_m u_m^n = k(O(h) + O(k)).$$

Le majorant du reste dépend de la fonction $u$ mais on mais on peut le rendre indépendant du point de discrétisation ($m$ et $n$). Etant donné la forme particulière des solutions données en I.1.c, on peut même préciser que le reste ci-dessus peut être majoré par une expression de la forme $k(k+h)M$, où $M$ ne dépend que de $a$ et d'un majorant de $|u_0''|$ sur un intervalle assez grand.

# Partie II

II.1.a. Il nous faut montrer que toute suite $a = (a_m)_{m\in\mathbb{Z}} \in l^2(\mathbb{Z})$ peut être définie comme la limite de suites $a^q = (a_m^q)_{m\in\mathbb{Z}} \in h^1(\mathbb{Z})$ quand $q$ tend vers $+\infty$. Pour tout $q \in \mathbb{N}$, on définit la suite $a^q$ par

$$\begin{cases} a_m^q = a_m & \text{si } |m| \leqslant q, \\ a_m^q = 0 & \text{sinon.} \end{cases}$$

Les suites $a^q$ appartiennent à $h^1(\mathbb{Z})$ car elles ne comportent qu'un nombre fini de termes non nuls. Par ailleurs, $\|a - a^q\|^2 = \sum_{|m|>q} |a_m|^2$. Comme $a$ est de carré sommable, on sait que $\lim_{q\to\infty} \sum_{|m|>q} |a_m|^2 = 0$ et donc $\lim_{q\to\infty} \|a - a^q\| = 0$.

Nous avons ainsi démontré que $h^1(\mathbb{Z})$ est dense dans $l^2(\mathbb{Z})$.

II.1.b. Montrer que $\hat{a}$ est définie sur $\mathbb{R}$, c'est montrer que pour tout réel $\xi$ la série $\sum_{m\in\mathbb{Z}} a_m e^{im\xi}$ est convergente. On majore les sommes partielles :

$$\sum_{0<|m|\leqslant q} |a_m e^{im\xi}| \leqslant \sum_{0<|m|\leqslant q} |a_m| = \sum_{0<|m|\leqslant q} (|m a_m|)\frac{1}{m}$$

$$\leqslant \left( \sum_{0<|m|\leqslant q} m^2|a_m|^2 \cdot \sum_{0<|m|\leqslant q} \frac{1}{m^2} \right)^{1/2}$$

grâce à l'inégalité de Cauchy-Schwarz. Comme $a \in h^1(\mathbb{Z})$ et $(\frac{1}{m})_{m\in\mathbb{Z}^*} \in l^2(\mathbb{Z})$,

$$\lim_{q\to\infty} \sum_{0<|m|\leqslant q} m^2|a_m|^2 \cdot \sum_{0<|m|\leqslant q} \frac{1}{m^2} < +\infty$$

donc la série converge normalement. Ceci implique que les $a_m$ sont les coefficients de la série de Fourier de $\hat{a}$, et que $\hat{a}$ est une fonction continue sur $\mathbb{R}$. Ensuite,

$$\hat{a}(\xi + 2\pi) = \sum_{m \in \mathbb{Z}} a_m e^{im(\xi + 2\pi)} = \sum_{m \in \mathbb{Z}} a_m e^{im\xi} = \hat{a}(\xi)$$

et $\hat{a}$ est $2\pi$-périodique. Enfin, comme $\hat{a}$ est de carré intégrable, on peut appliquer l'égalité de Parseval pour obtenir

$$\int_0^{2\pi} |\hat{a}(\xi)|^2 \, d\xi = 2\pi \sum_{m \in \mathbb{Z}} |a_m|^2.$$

II.1.c. Raisonnons par récurrence. La propriété demandée est vérifiée par hypothèse à l'ordre $0 : U^0 \in h^1(\mathbb{Z})$.
Supposons que $U^n \in h^1(\mathbb{Z})$ et montrons que $U^{n+1} \in h^1(\mathbb{Z})$. D'après (5),
$U^{n+1} = \displaystyle\sum_{j=-p}^{p} a_j(h,k) S_+^j U^n$. En utilisant à nouveau l'inégalité de Cauchy-Schwarz, on peut écrire la majoration des sommes partielles suivante.

$$\sum_{|m| \leqslant q} |m U_m^{n+1}|^2 = \sum_{|m| \leqslant q} \left| m \sum_{j=-p}^{p} a_j(h,k) U_{m+j}^n \right|^2$$

$$\leqslant \sum_{|m| \leqslant q} m^2 \left( \sum_{j=-p}^{p} |a_j(h,k)|^2 \sum_{j=-p}^{p} |U_{m+j}^n|^2 \right)$$

$$\leqslant \sum_{j=-p}^{p} |a_j(h,k)|^2 \sum_{j=-p}^{p} \sum_{|m| \leqslant q} m^2 |U_{m+j}^n|^2$$

et ceci tend vers $\displaystyle\sum_{j=-p}^{p} |a_j(h,k)|^2 (2p+1) \sum_{m \in \mathbb{Z}} m^2 |U_m^n|^2$ qui est fini par hypothèse de récurrence. Donc $U^{n+1} \in h^1(\mathbb{Z})$ et le résultat demandé est démontré par récurrence.

*Remarque :* nous appelerons dans la suite sommation de Fourier l'application $a \in l^2(\mathbb{Z}) \mapsto \hat{a}$.

*Remarque :* il est question ici de montrer des propriétés de régularité sur la somme de Fourier de la suite $a$ en connaissant des propriétés de sommation en norme euclidienne. Ce n'est pas le cadre du programme de classes préparatoires. La comparaison avec les résultats usuels est difficile car ici on montre que $\hat{a}$ est continue en considérant une propriété de carré sommable sur une suite qui serait les coefficients de Fourier de la dérivée de $\hat{a}$... si $\hat{a}$ était dérivable, ce qui n'est pas nécessairement vérifié.

II.1.d. Pour tout $n \in \mathbb{N}$, $U^n \in h^1(\mathbb{Z})$, donc par linéarité de la sommation de Fourier sur $h^1(\mathbb{Z})$, la relation de récurrence (5) donne

$$\widehat{U^{n+1}}(\xi) = \sum_{j=-p}^{p} a_j(h,k)\widehat{S_+^j U^n}(\xi) \text{ pour tout } n \in \mathbb{N}, \text{ pour tout } \xi \in \mathbb{R}.$$

Soit $a \in h^1(\mathbb{Z})$, calculons $\widehat{S_+ a}$ :

$$\widehat{S_+ a}(\xi) = \sum_{m \in \mathbb{Z}} a_{m+1} e^{im\xi} = \sum_{m \in \mathbb{Z}} a_m e^{i(m-1)\xi} = e^{-i\xi} \sum_{m \in \mathbb{Z}} a_m e^{im\xi} = e^{-i\xi}\hat{a}(\xi).$$

On en déduit aisément que pour tout $j \in \mathbb{Z}$, $\widehat{S_+^j a}(\xi) = e^{-ij\xi}\hat{a}(\xi)$. Ainsi

$$\widehat{U^{n+1}}(\xi) = \sum_{j=-p}^{p} a_j(h,k)e^{-ij\xi}\widehat{U^n}(\xi).$$

Posons $g(h,k,\xi) = \sum_{j=-p}^{p} a_j(h,k)e^{-ij\xi}$, fonction qui ne dépend pas de $n$. Les fonctions $a_j(h,k)$ étant $\mathcal{C}^\infty$ sur $]0,1[^2$, on en déduit de manière évidente que la fonction $g(h,k,\xi)$ ainsi définie est $\mathcal{C}^\infty$ sur $]0,1[\times]0,1[\times\mathbb{R}$.

II.1.e. D'après la question I.4.a et avec la notation $\lambda = \dfrac{ak}{h}$,

$$g^1(h,k,\xi) = \sum_{j=-1}^{1} a_j^1(h,k)e^{-ij\xi} = (1+\lambda) - \lambda e^{-i\xi} = 1 + \lambda(1 - e^{-i\xi}).$$

II.1.f. D'après la question II.1.b. et comme $U^n \in h^1(\mathbb{Z})$,

$$
\begin{aligned}
\|U^n\|^2 &= \frac{1}{2\pi} \int_0^{2\pi} |\widehat{U^n}(\xi)|^2 d\xi \\
&= \frac{1}{2\pi} \int_0^{2\pi} |g(h,k,\xi)\widehat{U^{n-1}}(\xi)|^2 d\xi \\
&\quad \text{pour } n \geqslant 1 \text{ et d'après la question II.1.d} \\
&\leqslant \frac{1}{2\pi} \int_0^{2\pi} (1+Ck)^2 |\widehat{U^{n-1}}(\xi)|^2 d\xi \\
&\leqslant (1+Ck)^2 \|U^{n-1}\|^2.
\end{aligned}
$$

Ainsi $\|U^n\| \leqslant (1+Ck)\|U^{n-1}\| \leqslant e^{Ck}\|U^{n-1}\|$. Par une récurrence triviale $\|U^n\| \leqslant e^{Cnk}\|U^0\|$. On peut donc choisir $\kappa = 1$ et $\beta = C$.

II.1.g. On a démontré que si $|g(h,k,\xi)| \leqslant 1 + Ck$ sur $D \times \mathbb{R}$ alors pour tout $U^0 \in h^1(\mathbb{Z})$, $\|U^n\| \leqslant \kappa e^{\beta nk}\|U^0\|$. Il nous reste à vérifier que cela est vrai pour tout $U^0 \in l^2(\mathbb{Z})$.

Soit $U^{0,q}$ une suite de $h^1(\mathbb{Z})$ tendant vers $U^0 \in l^2(\mathbb{Z})$. Comme $S_+$ est linéaire et continue, l'application qui à $U^0$ associe $U^n$ est linéaire et continue et on peut donc passer à la limite dans la relation de récurrence (5). Ainsi $U^{n,q}$ tend vers $U^n$ quand $q$ tend vers $+\infty$. Pour tout $q \in \mathbb{N}$, on sait d'après la question II.1.f que $\|U^{n,q}\| \leqslant \kappa e^{\beta n k} \|U^{0,q}\|$. On passe alors à la limite dans cette inégalité (continuité de la norme) pour obtenir $\|U^n\| \leqslant \kappa e^{\beta n k} \|U^0\|$ et le schéma défini par la relation de récurrence (5) est fortement stable sur l'ensemble $D$.

**II.2.a.** Posons $\eta_q = |g(h_q, k_q, \xi_q)| - (1 + q k_q) > 0$. Comme $g$ est continue sur $D \times \mathbb{R}$, il existe $\varepsilon_q \in \, ]0, \frac{\pi}{2}[$ tel que pour tout $\xi$ tel que $|\xi - \xi_q| \leqslant \varepsilon_q$

$$\frac{\eta_q}{2} < |g(h_q, k_q, \xi)| - (1 + q k_q)$$

et en particulier pour tout $\xi \in [\xi_q - \varepsilon_q, \xi_q + \varepsilon_q]$, $|g(h_q, k_q, \xi)| > (1 + q k_q)$.

**II.2.b.**

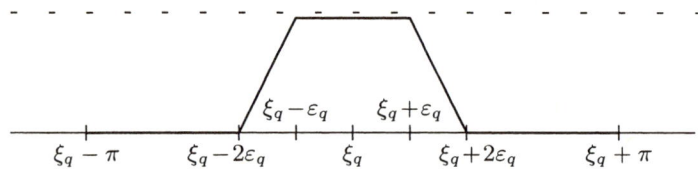

FIG. 1 –. *La fonction $f_q$*

La fonction $f_q$ est $2\pi$-périodique et continue. De plus, elle est $\mathcal{C}^1$ par morceaux et donc, d'après le théorème de Dirichlet, on sait qu'elle est somme de sa série de Fourier (qui converge normalement). Ainsi, si l'on note $(U_m^{0,q})_{m \in \mathbb{Z}}$ les coefficients de Fourier de $f_q$, on a $f_q(\xi) = \sum_{m \in \mathbb{Z}} U_m^{0,q} e^{im\xi}$. Comme $f_q$ est de carré sommable, l'égalité de Parseval nous assure que la suite $U_m^{0,q}$ est dans $l^2(\mathbb{Z})$. Soit $\varphi_q(\xi)$ la demi-somme des limites à droite et à gauche de $f_q'$ en $\xi$. Comme $f_q$ est continue, les coefficients de la série de Fourier de $\varphi_q$ sont les $(imU_m^{0,q})_{m \in \mathbb{Z}}$ (conséquence d'une simple intégration par parties). En appliquant une nouvelle fois l'égalité de Parseval (ici à la fonction continue par morceaux $\varphi_q$), on conclut alors que la suite $(mU_m^{0,q})_{m \in \mathbb{Z}}$ est dans $l^2(\mathbb{Z})$, et par conséquent $U^{0,q} \in h^1(\mathbb{Z})$.

**II.2.c.** Soit, pour tout $q \in \mathbb{N}$, la suite $(U^{n,q})_{n \in \mathbb{N}}$ associée par le schéma (5) à la donnée initiale $U^{0,q}$. D'après la question II.1.d, elle vérifie

$$\widehat{U^{n,q}}(\xi) = [g(h, k, \xi)]^n \widehat{U^{0,q}}(\xi).$$

Calculons dans un premier temps la norme de $U^{0,q}$ :

$$\|U^{0,q}\|^2 = \frac{1}{2\pi}\int_{\xi_q-\pi}^{\xi_q+\pi}|\widehat{U^{0,q}}(\xi)|^2 d\xi = \frac{1}{2\pi}\int_{\xi_q-\pi}^{\xi_q+\pi}|f_q(\xi)|^2 d\xi$$

$$= \frac{1}{2\pi}\left[\int_{\xi_q-2\varepsilon_q}^{\xi_q-\varepsilon_q}\left|\frac{\xi-(\xi_q-2\varepsilon_q)}{\varepsilon_q}\right|^2 d\xi + \int_{\xi_q-\varepsilon_q}^{\xi_q+\varepsilon_q} d\xi\right.$$

$$\left. + \int_{\xi_q+\varepsilon_q}^{\xi_q+2\varepsilon_q}\left|\frac{\xi-(\xi_q+\varepsilon_q)}{\varepsilon_q}\right|^2 d\xi\right]$$

$$= \frac{1}{2\pi}\left[\frac{2}{\varepsilon_q^2}\int_0^{\varepsilon_q}\xi^2 d\xi + 2\varepsilon_q\right]$$

$$= \frac{1}{2\pi}\left[\frac{2}{\varepsilon_q^2}\frac{\varepsilon_q^3}{3} + 2\varepsilon_q\right] = \frac{4}{3\pi}\varepsilon_q.$$

Comme $|g(h,k,\xi)| > 1 + qk_q$ sur $[\xi_q - \varepsilon_q, \xi_q + \varepsilon_q]$, on peut donc minorer la norme de $U^{n,q}$ :

$$\|U^{n,q}\|^2 = \frac{1}{2\pi}\int_{\xi_q-\pi}^{\xi_q+\pi}|\widehat{U^{n,q}}(\xi)|^2 d\xi > \frac{1}{2\pi}\int_{\xi_q-\varepsilon_q}^{\xi_q+\varepsilon_q}|1+qk_q|^{2n} d\xi$$

$$> \frac{|1+qk_q|^{2n}}{2\pi}2\varepsilon_q.$$

Par conséquent, $\|U^{n,q}\|^2 > \frac{3}{4}|1+qk_q|^{2n}\|U^{0,q}\|^2$. On est donc ramené à la question suivante : existe-t-il $\kappa$ et $\beta$ tels que

$$\frac{3}{4}|1+qk_q|^{2n} < \kappa^2 e^{2\beta n k_q} \text{ pour tout } q \text{ et pour tout } n?$$

On prend le logarithme de cette inégalité

$$2n\ln(|1+qk_q|) + \ln\frac{3}{4} < 2\beta n k_q + 2\ln\kappa,$$

$$\ln(|1+qk_q|) < \beta k_q + \frac{1}{n}\ln\left(\frac{4\kappa}{3}\right).$$

Si il existe un entier $q$ tel que $\ln(|1+qk_q|) \geqslant \beta k_q$ alors il est impossible de trouver $\beta$ car alors en faisant tendre $n$ vers 0, on mettrait l'inégalité voulue en défaut. Pour trouver un couple $(\kappa, \beta)$ convenable, il faut donc nécessairement que

$$\ln(|1+qk_q|) < \beta k_q. \tag{$*$}$$

La suite $k_q$ prend ses valeurs dans l'intervalle $]0,1[$, elle admet donc au moins une valeur d'adhérence $K \in [0,1]$. Soit $(q_l)_{l\in\mathbb{N}}$ une suite croissante d'entiers tels que $k_{q_l}$ tend vers $K$ lorsque $l$ tend vers $+\infty$. La limite de $\ln(|1+q_l k_{q_l}|)$ est finie uniquement si $K = 0$. Or cette quantité doit être majorée par $\beta$. Ainsi $K = 0$ (et c'est la seule valeur d'adhérence). En apppliquant l'exponentielle à l'inégalité $(*)$, on obtient l'inégalité $\dfrac{e^{\beta k_{q_l}} - 1}{k_{q_l}} > q_l$, ce qui est une contradiction car quand $l \to +\infty$, le terme de gauche tend vers $\beta$ et celui de droite vers $+\infty$. On a donc démontré par l'absurde la réciproque de la question II.1.g.

II.3.a. On utilise les coefficients calculés à la question I.4.a.

$$
\begin{aligned}
g^1(h,k,\xi) &= 1 + \lambda(1 - e^{-i\xi}) = 1 + \lambda(1 - \cos\xi + i\sin\xi), \\
|g^1(h,k,\xi)|^2 &= |1 + \lambda(1 - \cos\xi)|^2 + \lambda^2 \sin^2 \xi \\
&= 1 + 2\lambda(1 - \cos\xi) + \lambda^2(1 - 2\cos\xi + \cos^2\xi) + \lambda^2 \sin^2 \xi \\
&= 1 + 2\lambda(1 - \cos\xi) + 2\lambda^2(1 - \cos\xi).
\end{aligned}
$$

Comme $\lambda$ est strictement positif, cette quantité est la somme de trois termes positifs. Les deux derniers termes sont simultanément maximaux lorsque $\cos\xi = -1$, ce qui constitue donc le pire des cas, pour lequel

$$
|g^1(h,k,\xi)|^2 = 1 + 4\lambda + 4\lambda^2 = 1 + 4\frac{ak}{h} + 4\left(\frac{ak}{h}\right)^2.
$$

On cherche alors un réel $C > 0$ tel que $4\dfrac{ak}{h} + 4\left(\dfrac{ak}{h}\right)^2 \leqslant 2Ck + C^2k^2$, c'est-à-dire $4\dfrac{a}{h} + 4\left(\dfrac{a}{h}\right)^2 \leqslant 2C + C^2k$, ce qui est clairement impossible. Il suffit pour s'en persuader de faire tendre $h$ vers 0 ($k$ restant majoré par 1) dans l'ensemble $D$. Donc le schéma $(\Sigma_1)$ n'est stable sur aucun ensemble $D$ pour $a > 0$.

II.3.b. Si $a < 0$, on pose $\theta = \dfrac{k}{h}$, on cherche une condition de la forme $\theta \leqslant \alpha$. On peut garder $\theta$ constant tout en faisant tendre $k$ vers 0, et donc vérifier $4a\theta + 4a^2\theta^2 \leqslant Ck$ dans l'ensemble $D_\alpha$ équivaut à vérifier que $4a\theta(1 + \theta a) \leqslant 0$. Ainsi le schéma $(\Sigma_1)$ est stable sur l'ensemble $D_\alpha$ si et seulement si $\alpha \leqslant -\dfrac{1}{a}$ pour $a < 0$.

II.4.a. Supposons que la fonction $\hat{a}$ soit $\mathcal{C}^\infty(\mathbb{R})$ alors sa $r$-ième dérivée admet $(P_r(m)a_m)_{m\in\mathbb{Z}}$ comme coefficients de Fourier, où $P_r$ est un polynôme de degré exactement $r$. En considérant l'égalité de Parseval et les dérivées une-à-une successivement, on trouve que $\displaystyle\sum_{m\in\mathbb{Z}} m^{2r}|a_m|^2$ est convergente pour tout entier $r$, c'est-à-dire que $a \in s$.

Réciproquement, si $a \in s$, alors $P_r(m)a_m$ est le terme général d'une série convergente (car $m^2 P_r(m)a_m$ tend vers 0 quand $m$ tend vers l'infini) dont la somme est la $r$-ième dérivée de $\hat{a}$; de plus, comme cette convergence est uniforme, $\hat{a}^{(r)}$ est continue. Ceci montre l'équivalence annoncée.

II.4.b. Si pour tout $n$, la suite $U^n \in h^1(\mathbb{Z})$, on peut utiliser la sommation de Fourier, et la relation de récurrence (7) devient

$$\underbrace{\sum_{j=-p_1}^{p_1} a_j(h,k)e^{ij\xi}\,\widehat{U^{n+2}}(\xi)}_{Q(h,k,\xi)} + \sum_{j=-p_2}^{p_2} b_j(h,k)e^{ij\xi}\widehat{U^{n+1}}(\xi)$$

$$+ \sum_{j=-p_3}^{p_3} c_j(h,k)e^{ij\xi}\widehat{U^n}(\xi) = 0.$$

Comme la fonction $Q(h,k,\xi)$ est $\mathcal{C}^\infty$ sur $]0,1[^2 \times \mathbb{R}$ (voir la question II.1.d.) et que $Q(h,k,\xi)$ ne s'annule pas, $\dfrac{1}{Q(h,k,\xi)}$ est également $\mathcal{C}^\infty$ sur $]0,1[^2 \times \mathbb{R}$. Posons

$$\phi_1(h,k,\xi) = -\frac{\displaystyle\sum_{j=-p_2}^{p_2} b_j(h,k)e^{ij\xi}}{Q(h,k,\xi)},$$

$$\phi_2(h,k,\xi) = -\frac{\displaystyle\sum_{j=-p_3}^{p_3} c_j(h,k)e^{ij\xi}}{Q(h,k,\xi)}.$$

Les fonctions $\phi_1$ et $\phi_2$ sont alors $\mathcal{C}^\infty$ sur $]0,1[^2 \times \mathbb{R}$ et telles que

$$\widehat{U^{n+2}}(\xi) = \phi_1(h,k,\xi)\widehat{U^{n+1}}(\xi) + \phi_2(h,k,\xi)\widehat{U^n}(\xi).$$

A $(h,k,\xi)$ fixés,

$$\begin{cases} \widehat{U^{n+2}}(\xi) = \phi_1(h,k,\xi)\widehat{U^{n+1}}(\xi) + \phi_2(h,k,\xi)\widehat{U^n}(\xi), \\ \widehat{U^0}(\xi) = \widehat{V_0}(\xi), \\ \widehat{U^1}(\xi) = \widehat{V_1}(\xi) \end{cases}$$

(ces deux dernières égalités ayant un sens car $V_0$ et $V_1$ appartiennent à $h^1(\mathbb{Z})$) est une relation de récurrence à deux pas. La solution est donc unique mais la fonction de $\xi$ obtenue ne correspond pas nécessairement à une suite de $h^1(\mathbb{Z})$. Comme l'application $a \mapsto \hat{a}$ est injective, il existe donc au plus une solution de (7)-(8) dans $h^1(\mathbb{Z})$.

II.4.c. D'après la question II.4.a, montrer que $U^n \in s$ équivaut à montrer que $\widehat{U^n} \in \mathcal{C}^\infty(\mathbb{R})$. Raisonnons par récurrence. On sait que $\widehat{U^0}$ et $\widehat{U^1}$ appartiennent à $\mathcal{C}^\infty(\mathbb{R})$. Ceci vérifie la propriété au rang 0. Supposons que $\widehat{U^n}$ et $\widehat{U^{n+1}}$ soient dans $\mathcal{C}^\infty(\mathbb{R})$, alors d'après la relation (9), $\widehat{U^{n+2}}$ aussi par addition et multiplication de fonctions $\mathcal{C}^\infty(\mathbb{R})$ à $h$ et $k$ fixés. Ainsi,

$$U_m^n = \frac{1}{2\pi}\int_0^{2\pi} \widehat{U^n}(\xi)e^{-im\xi}d\xi \in s.$$

De plus,

$$U_m^0 = \frac{1}{2\pi}\int_0^{2\pi}\widehat{U^0}(\xi)e^{-im\xi}d\xi = \frac{1}{2\pi}\int_0^{2\pi}\widehat{V_0}(\xi)e^{-im\xi}d\xi = V_{0,m},$$

$$U_m^1 = \frac{1}{2\pi}\int_0^{2\pi}\widehat{U^1}(\xi)e^{-im\xi}d\xi = \frac{1}{2\pi}\int_0^{2\pi}\widehat{V_1}(\xi)e^{-im\xi}d\xi = V_{1,m}$$

et donc $U^n$ vérifie les conditions initiales (8).

En multipliant la relation (9) par $Q(h,k,\xi)e^{-im\xi}$ et en intégrant par rapport à la variable $\xi$, on trouve exactement que $U^n$ vérifie la relation de récurrence (7).

II.4.d. Si $(V_0, V_1) \in s \times s$, alors $U^n \in s \subset h^1(\mathbb{Z})$. A $h$ et $k$ fixés, $\phi_1(h,k,\xi)$ et $\phi_2(h,k,\xi)$ sont continues et $2\pi$-périodiques. Elles sont donc bornées (et de dérivées bornées). Au rang 0 et 1, la propriété est clairement vérifiée. Supposons qu'elle soit vraie aux rangs $n$ et $n+1$, alors

$$
\begin{aligned}
\|U^{n+2}\|_1^2 &= \|mU_m^{n+2}\|^2 + \|U_0^{n+2}\|^2 \\
&\leqslant \frac{1}{2\pi}\int_0^{2\pi}|(\widehat{U^{n+2}})'(\xi)|^2 d\xi + \frac{1}{2\pi}\int_0^{2\pi}|\widehat{U^{n+2}}(\xi)|^2 d\xi \\
&\leqslant \frac{1}{2\pi}\int_0^{2\pi}\sup_{\xi\in\mathbb{R}}|\phi_1(\xi)|^2|(\widehat{U^{n+1}})'(\xi)|^2 d\xi \\
&\quad + \frac{1}{2\pi}\int_0^{2\pi}\sup_{\xi\in\mathbb{R}}|\phi_2(\xi)|^2|(\widehat{U^n})'(\xi)|^2 d\xi \\
&\quad + \frac{1}{2\pi}\int_0^{2\pi}(1+\sup_{\xi\in\mathbb{R}}|\phi_1'(\xi)|^2)|\widehat{U^{n+1}}(\xi)|^2 d\xi \\
&\quad + \frac{1}{2\pi}\int_0^{2\pi}(1+\sup_{\xi\in\mathbb{R}}|\phi_2'(\xi)|^2)|\widehat{U^n}(\xi)|^2 d\xi \\
&\leqslant C\left(\|U^{n+1}\|_1^2 + \|U^n\|_1^2\right) \\
&\leqslant C(\phi_1,\phi_2,\kappa_n,\kappa_{n+1})\left(\|V_0\|_1 + \|V_1\|_1\right).
\end{aligned}
$$

Le résultat est ainsi montré par récurrence.

II.4.e. Soit $(a^q)_{q\in\mathbb{N}}$ une suite de Cauchy de $h^1(\mathbb{Z})$. Alors la suite $(\bar{a}^q)_{q\in\mathbb{N}}$, définie par

$$
\begin{cases}
\bar{a}_m^q = ma_m^q & \text{si } m \neq 0, \\
\bar{a}_0^q = a_0^q,
\end{cases}
$$

est de Cauchy dans $l^2(\mathbb{Z})$ muni de la norme $\|\cdot\|$, qui est un espace complet. Cette suite tend vers $\bar{a} \in l^2(\mathbb{Z})$. Alors la limite de la suite $(a^q)_{q\in\mathbb{N}}$ est $a \in h^1(\mathbb{Z})$ définie par

$$\begin{cases} a_m = \dfrac{1}{m}\bar{a}_m & \text{si } m \neq 0, \\ a_0 = \bar{a}_0. \end{cases}$$

Par conséquent, $(h^1(\mathbb{Z}), \|\cdot\|_1)$ est un espace complet.

Soit $a \in h^1(\mathbb{Z})$. On choisit la même suite $(a^q)_{q\in\mathbb{N}}$ qu'à la question II.1.a. Pour tout $q$, $a^q \in s$ et de plus comme $a \in h^1(\mathbb{Z})$

$$\sum_{m\in\mathbb{Z}} m^2 |a_m^q - a_m|^2 + |a_0^2 - a_0^2| = \sum_{|m|>q} m^2 |a_m|^2 \underset{q\to+\infty}{\longrightarrow} 0.$$

Donc l'espace fonctionnel $s$ est dense dans $h^1(\mathbb{Z})$.

**II.4.f.** On raisonne de la même façon que pour la question II.1.g. Soient $V_0^q$ et $V_1^q$ deux suites de $s$ tendant respectivement vers $V_0$ et $V_1 \in h^1(\mathbb{Z})$. Soit $U^{n,q}$ la solution du schéma (7) associée aux données $V_0^q$ et $V_1^q$. A $n$ fixé, $U^{n,q}$ est une suite de Cauchy dans $h^1(\mathbb{Z})$ dont on vient de montrer que c'est un espace complet. Notons $U^n \in h^1(\mathbb{Z})$ la limite de cette suite. Par linéarité et continuité de $S_+$, on peut passer à la limite dans (7) et donc $U^n$ est la solution du schéma associée à $V_0$ et $V_1$. Ceci montre que $U^n$ est ainsi solution dans $h^1(\mathbb{Z})$ de (7)-(8). Comme on a montré que cette solution était au plus unique, c'est l'unique solution.

**II.4.g.** Calculons les $p_1$, $p_2$, $p_3$, $a_j(h,k)$, $b_j(h,k)$, $c_j(h,k)$, associés au schéma $(\Sigma_2)$. Ce schéma peut se réécrire

$$3U_m^{n+2} + \lambda(U_{m+1}^{n+2} - U_{m-1}^{n+2}) - 4U_m^{n+1} + U_m^n = 0,$$

donc $p_1 = 1$, $p_2 = 0$, $p_3 = 0$ et

$$\begin{cases} a_{-1}(h,k) = -\lambda,\ a_0(h,k) = 3,\ a_1(h,k) = \lambda, \\ b_0(h,k) = -4, \\ c_0(h,k) = 1. \end{cases}$$

On a alors $Q(h,k,\xi) = -\lambda(e^{i\xi} - e^{-i\xi}) + 3 = -2i\lambda\sin\xi + 3$. La fonction $Q(h,k,\xi)$ ne s'annule pas sur $]0,1[^2\times\mathbb{R}$. Le résultat précédent s'applique donc au schéma $(\Sigma_2)$.

# Partie III

**III.1.** L'application $S_+$ de la partie I est linéaire et continue sur $l^2(\mathbb{Z})$. Ici $S_+$ fait agir cette ancienne application sur chacune des composantes (qui sont en nombre fini). L'application $S_+$ est donc linéaire et continue

$$\begin{aligned}
\|Aa\|^2 &= \sum_{m\in\mathbb{Z}} \left( |(Aa)_m(1)|^2 + \cdots + |(Aa)_m(d)|^2 \right) \\
&\leqslant d \sum_{m\in\mathbb{Z}} |(Aa)_m|_{\mathbb{C}^d}^2 = d \sum_{m\in\mathbb{Z}} |Aa_m|_{\mathbb{C}^d}^2 \\
&\leqslant Cd \sum_{m\in\mathbb{Z}} |a_m|_{\mathbb{C}^d}^2 = Cd\|a\|^2.
\end{aligned}$$

L'application $a \mapsto Aa$ est linéaire et continue de $(l^2(\mathbb{Z}))^d$ dans lui-même.

III.2. De même que dans le cas scalaire $\widehat{S_+^j U^n}(\xi) = e^{-ij\xi}\widehat{U^n}(\xi)$. Ainsi la relation (11) implique que

$$\forall \xi \in \mathbb{R},\ \forall n \in \mathbb{N},\ \sum_{j=-p_1}^{p_1} A_j(h,k)e^{-ij\xi}\widehat{U^{n+1}}(\xi) + \sum_{j=-p_2}^{p_2} B_j(h,k)e^{-ij\xi}\widehat{U^n}(\xi) = 0.$$

On sait que $\det\left(\displaystyle\sum_{j=-p_1}^{p_1} A_j(h,k)e^{-ij\xi}\right) \neq 0$ pour tout $\xi \in \mathbb{R}$, $(h,k) \in ]0,1[^2$,

donc $\displaystyle\sum_{j=-p_1}^{p_1} A_j(h,k)e^{-ij\xi}$ est inversible et on note $A^{-1}(h,k,\xi)$ son inverse. On a donc

$$\underbrace{\widehat{U^{n+1}}(\xi) = -A^{-1}(h,k,\xi)\sum_{j=-p_2}^{p_2} B_j(h,k)e^{-ij\xi}}_{G(h,k,\xi)}\widehat{U^n}(\xi).$$

Comme les fonctions $A_j(h,k)$ et $B_j(h,k)$ sont $\mathcal{C}^\infty$ sur $]0,1[^2$ et la matrice $\displaystyle\sum_{j=-p_1}^{p_1} A_j(h,k)e^{-ij\xi}$ est inversible, la fonction $G(h,k,\xi)$ est $\mathcal{C}^\infty$ sur $]0,1[^2 \times \mathbb{R}$ par composition de fonctions $\mathcal{C}^\infty$.

III.3. De même qu'à la question, on définit l'ensemble

$$S = \{a \in (l^2(\mathbb{Z}))^d \,/\, \forall r \in \mathbb{N},\ \sum_{m\in\mathbb{Z}} m^{2r}(|a_m(1)|^2 + \cdots + |a_m(d)|^2) < +\infty\}.$$

On sait qu'il y a au plus une solution au problème car $\widehat{U^n} = G^n(h,k,\xi)\widehat{V_0}$ est la seule solution possible. Elle est construite en approchant $\widehat{V_0}(\xi)$ par une suite de $S$ qui fournit des solutions de (11) dans $S$. La fonction $G$ étant $\mathcal{C}^\infty$ et $2\pi$-périodique, elle est bornée et

$$|\widehat{U^n}(\xi)|_1 \leqslant C^n |\widehat{V_0}(\xi)|_1 \text{ pour tout } \xi \in \mathbb{R}.$$

Cette relation vraie sur $S$ passe à la limite sur $((h^1(\mathbb{Z}))^d)^\mathbb{N}$. On obtient donc une unique solution de (11) dans $((h^1(\mathbb{Z}))^d)^\mathbb{N}$.

III.4. Posons $U_m^n(1) = U_m^n$ et $U_m^n(2) = U_m^{n+1}$. Alors le schéma $(\Sigma_2)$ s'écrit

$$\begin{cases} U_m^{n+1}(1) - U_m^n(2) = 0, \\ 3U_m^{n+1}(2) + \lambda(U_{m+1}n+1(2) - U_{m-1}n+1(2)) - 4U_m^n(2) + U_m^n(1) = 0. \end{cases}$$

Cela donne $p_1 = 1$ et $p_2 = 0$ avec

$$A_{-1}(h,k) = \begin{pmatrix} 0 & 0 \\ 0 & -\lambda \end{pmatrix}, \quad A_0(h,k) = \begin{pmatrix} 1 & 0 \\ 0 & 3 \end{pmatrix}, \quad A_1(h,k) = \begin{pmatrix} 0 & 0 \\ 0 & \lambda \end{pmatrix},$$

$$B_0(h,k) = \begin{pmatrix} 0 & -1 \\ 1 & -4 \end{pmatrix}.$$

III.5. Raisonnons par l'absurde. Supposons alors que $\forall q \in \mathbb{N}$, $\exists i_q$, $h_q$, $k_q$, $\xi_q$ tels que $|g_{i_q}(h_q, k_q, \xi_q)| > 1 + qk_q$. Alors $\||G(h_q, k_q, \xi_q)\||^n > (1 + qk_q)^n$. Or $(1 + qk_q)^n \leqslant \kappa e^{\beta n k_q}$ pour tout $n \in \mathbb{N}$, $q \in \mathbb{N}$ est impossible (démonstration analogue à celle de la question II.2.c). Ceci montre le résultat par l'absurde.

III.6.a. Pour le schéma $(\Sigma_3)$, $p_1 = 0$ et $p_2 = 1$ avec $A_0(h,k) = \begin{pmatrix} 1 & 0 \\ 0 & 1 \end{pmatrix}$,

$$B_{-1}(h,k) = \begin{pmatrix} 0 & \frac{\lambda}{2} \\ \frac{\lambda}{2} & 0 \end{pmatrix}, B_0(h,k) = \begin{pmatrix} -1 & 0 \\ 0 & -1 \end{pmatrix}, B_1(h,k) = \begin{pmatrix} 0 & -\frac{\lambda}{2} \\ -\frac{\lambda}{2} & 0 \end{pmatrix}$$

donc $\quad A^{-1}(h,k) = \begin{pmatrix} 1 & 0 \\ 0 & 1 \end{pmatrix}$ et $G(h,k) = \begin{pmatrix} 1 & -i\lambda \sin\xi \\ -i\lambda \sin\xi & 1 \end{pmatrix}$.

Les valeurs propres de la matrice $G$ sont $g_\pm = 1 \pm i\lambda \sin\xi$.

Pour le schéma $(\Sigma_4)$, $p_1 = 0$ et $p_2 = 1$ avec $A_0(h,k) = \begin{pmatrix} 1 & 0 \\ 0 & 1 \end{pmatrix}$,

$$B_{-1}(h,k) = \begin{pmatrix} 0 & \mu \\ 0 & 0 \end{pmatrix}, B_0(h,k) = \begin{pmatrix} -1 & -2\mu \\ 0 & -1 \end{pmatrix}, B_1(h,k) = \begin{pmatrix} 0 & \mu \\ 0 & 0 \end{pmatrix}$$

où $\mu = \dfrac{ak}{h^2}$, donc

$$A^{-1}(h,k) = \begin{pmatrix} 1 & 0 \\ 0 & 1 \end{pmatrix} \text{ et } G(h,k) = \begin{pmatrix} 1 & 2\frac{ak}{h}(1 - \cos\xi) \\ 0 & 1 \end{pmatrix}.$$

Les valeurs propres de la matrice $G$ sont $g_\pm = 1$.

III.6.b. Les racines de la matrice $G$ associées au schéma $(\Sigma_3)$ ne dépendent pas de $k$ uniquement mais du rapport $\frac{k}{h}$, qui est la grandeur que l'on maîtrise dans l'ensemble $D_\alpha$. Dire que ces valeurs propres sont de module strictement inférieur à $1 + Ck$ revient à dire que leur module est strictement inférieur à 1, ce qui n'est pas le cas. Ainsi, pour tout $\alpha > 0$, le schéma $(\Sigma_3)$ n'est pas faiblement stable sur l'ensemble $D_\alpha$, d'après la question III.5.

III.6.c. On a ici un exemple qui montre que la réciproque de la question III.5. n'est pas vraie. En effet, les valeurs propres sont bien de module inférieur ou égal à 1. On calcule facilement

$$G^n(h,k) = \begin{pmatrix} 1 & 2n\mu(1 - \cos\xi) \\ 0 & 1 \end{pmatrix}.$$

Ainsi $\|\|G(h_q, k_q, \xi_q)\|\|^n \leqslant \kappa e^{\beta n k_q}$ n'est vérifié pour aucun $\kappa$, $\beta$ et aucun ensemble $D$. La condition (12) n'est pas une condition suffisante de stabilité faible.

*Remarque :* pour assurer la stabilité faible, il ne suffit pas de contrôler le module des valeurs propres de la matrice $G$, mais aussi la multiplicité de celles qui sont de module 1. Il faut que le polynôme caractéristique de $G$ soit ce que l'on appelle un polynôme de von Neumann, c'est-à-dire un polynôme dont toutes les racines sont de module inférieur ou égal à 1 et dont celles de module 1 sont simples. La localisation des racines qui, dans les exemples proposés, relevait de calculs simples, peut toutefois s'avérer délicate et faire appel à de l'analyse assez fine. On pourra se référer au livre de J.C. Strikwerda, *Finite Difference Schemes and Partial Differential Equations*, Wadsworth & Brooks/Cole (1989).

**Commentaire.** Ce problème traite donc de méthodes numériques pour résoudre des équations aux dérivées partielles. Le type de méthode présenté s'appelle schémas aux différences ou méthode des différences finies. Au delà des cas particuliers présentés ici, le principe général de ces méthodes consiste à définir des points particuliers de l'espace-temps. Ici, ils étaient régulièrement espacés du pas d'espace $h$ et du pas de temps $k$ mais il est tout à fait possible d'utiliser des grilles non régulières. Ensuite, on réécrit l'équation aux dérivées partielles en remplaçant les dérivées par des différences entre les valeurs aux différents points particuliers choisis.

Il est clair que l'étude du problème (1)-(2), lequel peut être approché par $(\Sigma_1)$ et $(\Sigma_2)$, n'est pas intéressante par elle-même. Cependant, l'étude des propriétés des schémas sur des équations dont on connaît la solution explicite permet une meilleure évaluation des qualités et des défauts d'une méthode donnée. On peut alors juger de son adéquation à traiter des problèmes plus compliqués pour lesquels on ne connaît pas de solution explicite.

Tous les schémas de ce problème traitent d'équations que l'on sait résoudre explicitement. En effet, $(\Sigma_3)$ est une version discrète du système

$$\begin{cases} \dfrac{\partial u}{\partial t} = a \dfrac{\partial v}{\partial x}, \quad \dfrac{\partial v}{\partial t} = a \dfrac{\partial u}{\partial x}, \\ u(0, x) = u_0(x), \quad v(0, x) = v_0(x). \end{cases}$$

En remarquant que $u + v$ et $u - v$ sont solutions d'une équation du type de (1)-(2), on obtient que $(u + v)(t, x) = (u_0 + v_0)(x + at)$ d'une part et $(u - v)(t, x) = (u_0 - v_0)(x - at)$ d'autre part. Ainsi

$$\begin{cases} u(t, x) = \dfrac{1}{2} \Big( (u_0 + v_0)(x + at) + (u_0 - v_0)(x - at) \Big), \\ v(t, x) = \dfrac{1}{2} \Big( (u_0 + v_0)(x + at) - (u_0 - v_0)(x - at) \Big). \end{cases}$$

Il s'agit donc de superposition de deux ondes dont l'une se dirige vers la droite et l'autre vers la gauche. Quand au schéma $(\Sigma_3)$, il modélise

$$\begin{cases} \dfrac{\partial u}{\partial t} = -\dfrac{\partial^2 v}{\partial x^2}, \quad \dfrac{\partial v}{\partial t} = 0, \\[2mm] u(0,x) = u_0(x), \quad v(0,x) = v_0(x). \end{cases}$$

qui se résout en $v(t,x) = v_0(x)$ et donc

$$\begin{cases} u(t,x) = u_0(x) - atv_0''(x), \\ v(t,x) = v_0(x), \end{cases}$$

l'intérêt d'un tel système n'étant pas tant physique que mathématique car il permet d'avoir facilement 1 comme valeur propre double !

La notion de stabilité qui était au centre de ce problème est fondamentale. En effet, si la donnée initiale $u_0$ de (1)-(2) est bornée sur $\mathbb{R}$, alors il est clair que $u(t,x)$ admet la même borne pour tout temps. Pour les besoins du calcul numérique, la donnée initiale est approchée par $U^0$ telle que

$$U_m^0 = \frac{1}{2\pi} \int_0^{2\pi} \widehat{U^0}(\xi) e^{-im\xi} d\xi$$

et la fonction $g$, appelée fonction d'amplification, donne alors pour chaque fréquence $\xi$ l'amplification, $g(h,k,\xi)$, du coefficient $\widehat{U^0}(\xi)$ à chaque pas de temps. Si $|g(h,k,\xi)| > 1$, alors cette fréquence va prendre au cours des itérations du schéma un poids de plus en plus fort, et finalement on ne conservera plus le caractère borné. A noter que dans le cas particulier du problème (1)-(2), il n'est pas souhaitable que $|g(h,k,\xi)| < 1$, car alors certaines fréquences tendent à disparaître, violant aussi l'expression de la solution exacte. L'analyse de stabilité complète du schéma $(\Sigma_2)$ n'est quant à elle pas facile puisqu'elle fait appel à la notion de polynôme de von Neumann citée en remarque de la dernière question. Cette analyse montre que ce schéma est inconditionnellement stable, c'est-à-dire stable pour tout $h$ et $k$.

Un des autres avantages de $(\Sigma_2)$ est qu'il est relativement précis en temps et en espace puisqu'il est d'ordre $(2,2)$. Ce genre de résultat était l'objet de la question I.4.b, dans laquelle on voyait que $(\Sigma_1)$ est d'ordre $(1,1)$ (les puissances de $k$ et $h$ dans le majorant). L'ordre d'un schéma donne la précision point-par-point de l'approximation. Etre d'ordre $(1,1)$ est ce qui s'appelle la consistance et c'est le moins que que l'on puisse demander à un schéma : il approche la bonne équation ! La notion qui nous intéresse ici est plus forte que la consistance, il s'agit de la convergence des solutions approchées vers la solution exacte du problème lorsque l'on prend des pas d'espace et de temps de plus en plus petits (en faisant attention de toujours garder la stabilité). Cette propriété de convergence est difficile à traiter de front, mais le théorème de Lax-Richtmeyer nous aide en affirmant qu'un schéma consistant est convergent si et seulement si il est stable.

Pour en savoir plus sur les schémas aux différences finies, nous renvoyons à nouveau au livre de Strikwerda cité en remarque ainsi qu'au livre de D. Euvrard, *Résolution numérique des équations aux dérivées partielles*, Masson (1990).

Les schémas aux différences finies ne sont pas les seules méthodes qui existent pour discrétiser les équations aux dérivées partielles. Le choix d'une méthode est, en pratique, liée à de nombreux facteurs : le type de problème mathématique, le type de résultat que l'on veut obtenir, sa précision, la puissance de calcul et le temps de développement dont on dispose, etc. Pour faire un panorama très rapide et nécessairement incomplet, il faut tout d'abord citer les méthodes d'éléments finis. Celles-ci consistent à discrétiser l'espace fonctionnel, contrairement aux schémas aux différences finies qui discrétisent l'équation. Par exemple, on discrétise l'ensemble des fonctions de carré intégrable sur un ouvert borné donné $\Omega \in \mathbb{R}^2$ par les fonctions qui sont constantes par morceaux sur ce que l'on appelle une triangulation de $\Omega$, c'est-à-dire un recouvrement de $\Omega$ par des triangles qui ne s'intersectent pas. On réécrit alors l'équation aux dérivées partielles (ou plutôt sa formulation variationnelle, cf. exercice 16) sur une base (finie) qui engendre cet espace discret. Cette méthode a été introduite par des ingénieurs dans les années cinquante pour le calcul de structures, puis elle a été étudiée mathématiquement durant les quarante dernières années, son champ d'application couvrant maintenant toutes les équations aux dérivées partielles. Sur ce sujet, on peut renvoyer au livre de P.A. Raviart et J.-M. Thomas, *Introduction à l'analyse numérique des équations aux dérivées partielles*, Masson (1983) ou celui de J.C. Nedelec, *Notions sur les techniques d'éléments finis*, collection Mathématiques et Applications 7, Société de Mathématiques Appliquées et Industrielles (1991). Une méthode encore plus récente est celle des volumes finis qui consiste à définir des volumes de contrôle (découpage du domaine d'étude en polygones en deux dimensions et polyèdres en trois dimensions d'espace) et à calculer le flux de chacune des variables à travers les bords de chaque volume de contrôle pendant un pas de temps. Ce calcul de flux se fait à partir d'une formule de type Green. Le gros avantage de cette méthode est qu'elle permet de conserver certaines quantités de manière naturelle. Elle a été développée à l'origine pour les calculs pétroliers, domaine dans lequel il est important de conserver les quantités des différents fluides. L'introduction de cette méthode étant relativement récente (une vingtaine d'années), il n'existe pas encore de livre de référence en français à citer ... Pour conclure, signalons que beaucoup d'autres méthodes existent (méthodes spectrales, méthodes de singularités, etc.), certaines d'entre elles n'ayant parfois qu'un domaine d'application très spécialisé.

# Index

Impression et reliure: Strauss Offsetdruck, Mörlenbach
Schäffer, Grünstadt